속담으로 과학을 읽다

과학의 원리로 알아보는 속담

속담으로 과학을 읽다

과학의 원리로 알아보는 속담

ⓒ 지브레인 과학기획팀 · 이보경, 2023

초판 인쇄일 2023년 8월 1일
초판 발행일 2023년 8월 10일

기획 지브레인 과학기획팀 지은이 이보경
펴낸이 김지영   펴낸곳 지브레인^{Gbrain}
편집 김현주
마케팅 조명구   제작 · 관리 김동영

출판등록 2001년 7월 3일 제2005-000022호
주소 04021 서울시 마포구 월드컵로7길 88 2층
전화 (02)2648-7224   팩스 (02)2654-7696

ISBN 978-89-5979-786-8(03400)

속담으로 과학을 읽다

과학의

원리로
알아보는

속담

지브레인 과학기획팀 기획 이보경 지음

지브레인

속담은 한 사회 구성원의 삶을 고스란히 반영한다.

세상을 보는 눈, 사람과의 관계, 자연의 이치, 마음을 다스리는 법에 이르기까지 그 사회의 풍습, 문화, 도덕 등을 한눈에 볼 수 있는 전망대와 같다. 그것도 훈계나 따가운 질책이 아닌 익살과 풍자로 마음을 위로하며 경험에서 나온 지혜를 전한다.

그뿐만 아니라 짧고 간단한 문장 속에 담긴 선조들의 지혜 안에는 정치, 경제, 사회, 문화, 과학적 지식도 풍부하게 담겨 있다. 특히 과학적 관점에서 바라본 우리의 속담은 매우 흥미롭다.

우리 조상들의 속담은 현대과학의 언어로 설명하기에는 부족할지 몰라도 사물과 자연을 충분히 관찰하여 그 원인과 이치를 꿰뚫어 내는 통찰력이 매우 탁월함을 느낄 수 있다. 그중에서도 과학적 통찰력이 잘 발휘된 분야는 날씨와 기후 예측이다.

관천망기觀天望氣라는 말이 있다. 구름, 바람 등 하늘의 상태를 보고 일기를 예측하는 것인데 이것이 짧은 문장이나 어구로 전해져 일기日氣 속담으로 자리 잡게 된 것을 말한다.

전통적으로 농업국인 우리나라에서 관천망기는 매우 중요한 지혜의 유산으로 '햇무리나 달무리가 나타나면 비가 온다', '제비가 낮게 날면 비가 온다'와 같은 오랜 관찰과 경험을 통해 전해진 것이 대부분이다.

우리나라에 유독 날씨와 기후에 관련된 속담이 많은 이유는 농사가 중요한 생업이었기 때문이다. 그래서 절기와 기후를 아는 것은 농사의 성패를 가르는 매우 중요한 요소였다.

이 책은 과학의 눈으로 바라본 속담을 이야기한다. 과학은 문명화된 현대인들의 전유물처럼 여겨지고 있지만 사실 훨씬 오래전부터 우리 삶과 함께 해왔다.

풍자와 해학 안에 담긴 속담 속 과학은 정통 과학이 아닐지라도 오랜 관찰에서 나온 경험 과학으로, 소소한 생활 그 자체이다. 따라서 이 책은 아주 전문적이고 어려운 과학이 아니라 별 생각 없이 되뇌던 속담 안에 우리가 전혀 몰랐던 과학적 상식이 담겨 있었다는 것을 소개하며 즐겁게 속담을 볼 수 있도록 돕고 있다.

이 책을 통해 생활 속의 과학, 흥미롭고 즐거운 과학이 시작되는 계기가 되기를 바란다.

이 보경

contents

contents

웃음이 보약이다

히포크라테스는 몸과 마음을 치유하는 최고의 명약으로 웃음을 꼽았다.
그리고 우리 조상들은 웃는 것만으로도 정신과 육체의 건강을 잡아줄 수 있다고 믿었다.

지구상에서 웃을 수 있는 유일한 동물은 인간이다. 미소, 박장대소, 폭소, 포복절도, 신조어인 썩소(썩은 웃음의 줄임말)까지 웃는 모습과 강도를 세밀하게 나눌 만큼 웃음을 표현하는 방법도 매우 다채롭다.

웃는다라는 행동은 고도로 발달한 신체기능과 구성원 간의 공감 능력, 농담을 이해할 수 있는 최고의 뇌 기능 등 수많은 신체적, 정신적 메커니즘이 복합적으로 작동해야 가능한 일이다.

레오나르도 다 빈치의 모나리자가 세계적인 작품이 되고, 민화에 나오는 무서운 호랑이가 친숙하게 느껴지는 이유는 모나리자의 신비하고 오묘한 미소와 익살스러운 표정으로 헤벌쭉 웃는 호랑이의 웃음 때문이다.

웃음은 지역과 나라와 민족을 벗어난 만국공통어이다.

레오나르도 다 빈치의 모나리자.

성공의 핵심을 웃음에서 찾는 세계적인 명사들도 많다.

영국의 유명한 코미디언이자 영화감독인 찰리 채플린은 '웃음 없는 하루는 낭비한 하루다'라고 할 정도로 웃음이 삶에 있어 얼마나 중요한 요소인지 강조했다. 미국의 심리학자이자 철학자인 윌리엄 제임스는 '행복하기 때문에 웃는 것이 아니라 웃기 때문에 행복하다'라고 말했다.

만약 인간에게 웃을 수 있는 능력이 없었다면 지금과 같은 세상을 이루지 못했을지도 모른다.

웃음은 신이 인간에게 준 최고의 선물이며 처방전이다. 대부분의 사람들은 그 어떤 마취제나 진통제보다도 강력한 천연 진통제가 우리 몸에 탑재되어 있다는 사실을 알지 못할 것이다. 그것은 바로 웃음이다.

사람이 웃는 행동을 통해 얻을 수 있는 효과는 매우 많다.

먼저 운동 효과이다. 우리는 건강한 신체단련을 위해 조깅, 에어로빅, 체력단련 등 유산소 운동과 근육운동을 한다. 그런데 신나게 한바탕 웃고 나면 하루에 필요한 운동량을 다 채운 것이나 다름없다. 입을 크게 벌려 쾌활하게 한번 웃어보자. 그 과정에서 수많은 산소가 우리 몸으로 유입된다. 이 산소는 혈액으로 들어가 혈액을 정화하고 심장박동을 높여 혈류를 원활하게 한다. 웃음이 우리 몸의 공기정화제 역할을 하며 가벼운 조깅을 하는 정도의 운동 효과가 생기는 것이다.

눈물이 날 정도로 웃긴 개그 프로그램을 보며 숨이 넘어가게 웃을 때가 있을 것이다. 이때 우리의 몸은 마라톤을 하는 선수와 같아진다. 신나게 웃으면 폐 아래쪽에 있는 횡격막이 강한 상하운동을 한다. 횡격막은 풍선에 바람을 넣는 펌프처럼 폐가 호흡운동을 하도록 도와주는 역할을 한다. 횡격막의 운동이 활발해지면 자연스럽게 호흡이 빨라지며 복식호흡을 하게 된다.

복식호흡은 평소에 자연스럽게 이루어지는 호흡이 아니다. 횡격막이 움직일 때만 이루어진다. 복식호흡은 아랫배가 움직일 정도로 깊은 숨을 유도하여 몸의 기능을 정상화하고 심신안정에 도움을 준다. 요가나 필라테스, 명상 등을 통해 의도적으로 훈련해야 하는 호흡이다. 그런데 포복절도抱腹絶倒할 웃음 한바탕이면 장시간 요가와 명상을 통해 훈련해야 하는 복식호흡이 절로 이루어지는 것이다. 이때 우리 몸의 근육들도 운동을 시작한다.

웃는 행동은 얼굴 근육 15개와 몸 근육 203개가 복합적으로 작용하여 만들어지는 과정이다. 심지어 한번 크게 웃으면 윗몸 일으키기 25개의 효과가 있다고 할 정도다.

두 번째, 웃음은 우리 몸의 면역기능을 활성화한다. 웃음은 특히 우리 몸의 면역에 중요한 역할 하는 NK세포, T세포, B세포, 인터페론 감마$^{interferon-\delta}$ 등을 활성화한다고 한다.

NK세포는 바이러스에 감염된 세포나 암세포를 직접 파괴하는 면역세포 중 하나이며 T세포와 B세포는 항체 생산을 하

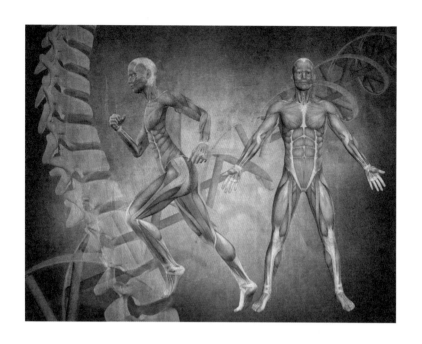

는 면역세포 중 하나이다. T세포에서 생성되는 감마 인터페론 $^{interferon-\delta}$은 대상포진, B형간염, AIDS 등에 효과 있는 단백질의 일종으로 우리 몸이 암세포나 바이러스에 공격을 받았을 때 분비된다.

세 번째 웃음의 효과는 행복 호르몬 분비의 촉진이다. 웃음이 주는 최고의 기능이 바로 행복감을 느끼게 해주는 것이다.

우리가 웃을 때 대표적인 신경전달물질인 엔도르핀^{endorphin}과 엔케팔린^{enkephalin} 호르몬이 분비된다. 엔도르핀과 엔케팔린은 인간의 뇌에서 분비되는 천연 진통제이다. 엔도르핀은 모르핀의 100배에 달하는 효과를 가지고 있다고 한다. 뿐만 아니라 웃음은 코르티솔cortisol 호르몬을 감소시킨다.

코르티솔은 스트레스를 측정하는 기준이 되는 호르몬이다. 그래서 코르티솔이 스트레스를 유발한다고 오해하는 경우도 종종 있다.

하지만 사실 코르티솔의 실제 역할은 공포, 긴장, 불안과 같은 스트레스를 완화하기 위해 부신피질에서 분비되는 스트레스 억제 호르몬이다. 따라서 과도한 스트레스가 연속되면 코르티솔

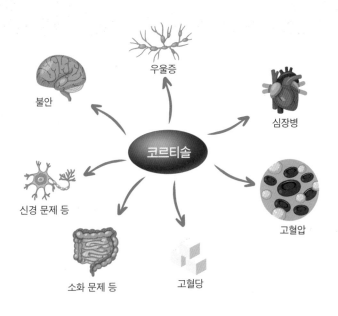

우울증

불안

심장병

코르티솔

신경 문제 등

고혈압

소화 문제 등

고혈당

코르티솔이 작용하는 범위.

의 양이 증가하여 당뇨, 고혈압, 우울, 면역억제 등의 부작용이 발생한다.

그런데 웃음은 코르티솔의 양을 감소시켜 몸의 균형을 찾게 해 주는 역할을 한다.

이 밖에도 웃음은 사회적 관계를 원활하게 하고 감성을 풍요롭게 하며 개인의 심리적 트라우마 극복에도 도움을 준다. 현대 의학에서 연구되고 있는 웃음 치료가 바로 그 좋은 예이다.

1988년 미국 캘리포니아 대학의 이차크 프리트 박사는 전두엽과 대뇌변연계 사이에 있는 웃음을 관장하는 뇌의 부위를 발견했다고 한다. 이 부위에 자극을 가하면 웃음을 유발하는 호르몬이 분비된다고 한다. 또 프리트 박사는 박장대소拍掌大笑할 웃음의 근원지는 인간의 감정과 기억, 무의식을 관장하는 대뇌변연계에서 일어난다고도 했다.

이처럼 웃음은 모든 뇌 부위가 합심하여 만들어내는 종합예술인 것이다.

건강하고 머리 좋은 아이를 만들고 싶다면 항상 웃게 하라! 행복하고 즐거운 노년을 맞고 싶다면 크게 웃어보자! 웃음이 최고의 보약이다.

건강을 위해 웃음 보약을 먹어보자.

신경전달물질

1900년 초반까지만 해도 우리 몸의 신경세포는 실처럼 연결되어 정보를 주고받는 것으로 알려져 있었다. 하지만 직접 신경세포를 관찰한 과학자들은 오히려 신경세포 간에 공간이 있음을 발견하게 되었다.

신경세포가 엄청난 양의 정보를 어떻게 주고받는지를 밝혀 낸 최초의 과학실험은 1921년 미국의 약리학자인 오토 뢰비 Otto Loewi, 1873~1961 박사의 개구리 심장의 미주신경 실험을 통해서였다.

이 실험을 통해 뢰비 박사는 신경세포의 정보 전달 과정은 신경전달물질을 통해서 이루어진다는 것을 알아냈다.

신경전달물질은 신경세포 말단의 소포체에 저장되어 있다가 전기적 신호를 통해 정보가 도착하면 소포체에서 터져 나간다. 이렇게 터져 나간 신경전달물질은 다음 신경세포의 세포막에 있는 수용체와 결합함으로써 신경세포 간의 정보가 전달되는 과정을 거친다.

대표적인 신경전달물질로는 도파민, 엔도르핀, 세로토닌, 아드레날린, 아세틸콜린 등이 있다.

신경세포의 정보 전달 과정을 이미지화했다.

먹고 죽은 귀신이
때깔도 곱다

한국인은 밥심으로 산다고 할 만큼 먹고사는 문제를 중요하게 생각했던 조상들은 속담에서도 잘 먹는 것이 건강하게 잘 사는 것이라는 지혜를 전하고 있다.

먹을 게 넘쳐나는 현대인들에게 과식은 이만저만 스트레스가 아니다. 고열량의 맛있는 음식이 지천인 요즘, 많이 먹는 것은 오히려 비만과 각종 성인병을 부를 뿐만 아니라 외모적으로도 고민하게 된다.

하지만 불과 60~70년 전만 해도 우리나라 사람들에게 끼니는 생존의 척도 그 자체였다. 오죽하면 '식사하셨습니까?' 가 인사가 되었을까? 설마 끼니를 때우지 못해 밥을 굶고 있지는 않을까 하는 이웃에 대한 따뜻한 배려가 묻어나오는 인사말이다. 그러니 더 오랜 옛날은 어떠했을까?

조선 시대 말에 찍은 사진

조선인의 밥상.

을 보면 밥상에 차려진 밥그릇의 크기가 실로 엄청난 것을 볼 수 있다. 쌀이 귀했다는 데 저렇게 밥을 많이 먹나 의아스러웠지만, 사정을 알면 매우 마음 아픈 사진이다. 먹을 게 밥밖에 없었기 때문에 밥을 유독 많이 먹었다고 한다. 그나마 쌀밥을 먹을 수 있는 것은 행운이었던 시절이다. 먹을 수 있을 때 먹어야만 했고 잘 먹는 게 미덕이었던 시절! 오죽하면 귀신마저도 잘 먹고 이승을 떠나면 얼굴이 고와진다고 할 정도로 먹는다는 것이 절실했던 시절이기도 하다.

죽음을 앞둔 사람에게 먹는다는 것이 무슨 의미가 있을까. 그런데도 속담에는 잘 먹고 떠난 망자는 건강하고 편안한 사후세

한국인에게 푸짐하고 맛있는 음식은 중요하다.

계를 맞이할 것이라는 믿음이 반영된 듯하다. 설령, 귀신이 되어 나타난다고 해도 배고픔이 한이 되어 흉측한 몰골로 나타나지 않았으면 하는 바람과 다시 돌아올 수 없는 길을 떠나는 마지막 인사로 망자를 잘 대접해 보냈다는 안도감도 담겨 있는 듯하다. 재미와 익살이 넘쳐나는 속담에 웃음이 나오다가도 왠지 모르게 마음 한쪽에 씁쓸함이 묻어나온다.

그렇다면 우리 몸을 건강하고 아름답게 만들어주는 데 있어 잘 먹는다는 것이 어떤 영향을 주는 것일까?

우리가 잘 먹어야 하는 것은 음식뿐만이 아니라 음식물 안에 있는 영양소이다. 아무리 많이 먹어도 좋은 영양소를 섭취하지 못하면 쓰레기를 먹는 것과 다름없기 때문이다.

지금부터 우리 몸을 구성하는 데 필수적으로 필요한 영양소의 종류와 과학적 기능에 대해서 알아보자.

　인간의 몸은 약 60조 개의 세포로 이루어졌다. 이 세포들이 에너지를 내고 건강한 몸을 구성하기 위해서는 외부로부터 적절한 영양소를 끊임없이 공급받아야만 한다. 세포들이 건강해야 우리의 몸은 생명 활동을 지속해나갈 수 있기 때문이다.

　진화적으로 인간은 배고픔에 적응하며 살아왔다. 풍부하게 먹거리를 먹었던 시간은 인류 진화의 역사에서 그리 오래되지 않았다. 배고픈 시대를 오랫동안 경험해온 것이다. 그래서 인간이 특히 단맛을 좋아하는 이유가 모유 안에 들어 있는 단맛 성분때문이라고 주장하는 학자도 있다. 바로 이 단맛의 주인공은 탄수화물이다.

　인간이 섭취해야 할 영양소 중 매우 중요한 역할을 하는 탄수화물은 가장 맛난 영양소라고 해도 과언이 아니다. 화학적으로는 물과 탄소를 포함하고 있는 모든 화합물을 말하지만, 분류를해보면 인간이 가장 좋아하는 음식들에 대부분 포함된 영양소이다.

 탄수화물은 쌀을 비롯한 곡류와 라면, 국수, 빵, 과자 등을 만
드는 밀가루, 아이스크림, 디저트에 포함된 설탕 등에 들어 있
으며 분자의 크기와 수에 따라 단당류, 이당류, 다당류로 나뉜
다. 이 중 세포에 흡수될 수 있는 상태인 단당류에는 포도당, 과
당, 갈락토스 등이 있다.

 단당류보다 분자구조가 조금 더 큰 이당류로는 설탕, 젖당, 맥
아당 등이 있으며 다당류로는 글리코겐, 셀룰로스, 전분 등이

우리 몸이 필요로 하는 5대 영양소와 그 영양소가 담긴 음식들의 예.

있다.

탄수화물 1g은 약 4kcal의 열량을 낸다. 영양학자들은 우리 몸의 영양분과 에너지를 내기 위해서는 탄수화물의 섭취를 전체 영양소의 $\frac{2}{3}$ 정도로 하는 것이 좋다고 한다. 하지만 최근에는 과도한 탄수화물 섭취를 줄이고 좋은 지방을 먹어야 한다는 저탄수화물·고지방 다이어트법도 유행하고 있다.

두 번째로 우리 몸을 구성하는 중요한 영양소로는 단백질이 있다. 단백질은 우리 몸의 근육을 형성하는 데 도움을 주는 영양소이다. 멋진 근육질 몸매를 자랑하는 보디빌더들은 단백질 위주의 식단

음식으로 섭취하는 영양소의 종류는 많다.

을 통해 근육운동의 효과를 최대화하기도 한다. 단백질은 아미노산의 형태로 세포에 흡수되어 필요할 때 다시 단백질로 합성된다.

단백질은 우리 몸의 근육, 머리카락, 뼈, 피부 등을 만들며 소고기, 생선, 달걀, 두부 등에 많이 포함되어 있다. 1g의 단백질은 약 4kcal의 열량을 낸다. 단백질이 부족할 시 빈혈, 성장저하, 면역력 감퇴 등의 이상 증상이 나타날 수 있다.

반대로 과잉 섭취하게 되면 단백질 분해 시 발생하는 질소 노폐물로 인해 신장 기능에 무리를 줄 수 있다. 과유불급이라는 말이 있듯이 아무리 좋은 영양소라도 적정량을 섭취했을 때 우리 몸이 건강해질 수 있다.

마지막 필수 영양소는 지방이다. 현대인들에게 지방은 가장 미움 받고 있는 영양소가 아닐까 한다. 과도한 열량과 음식 섭취가 부른 비만의 대표적인 영양소이기 때문이다.

그런데 사실 지방은 우리 몸을 이루는 데 없어서는 안 될 중요한 영양소 중 하나다.

지방의 기능 중 하나는 뇌조직, 세포막, 호르몬 등 우리 몸의 세포조직과 신경전달물질을 만드는 데 중요한 역할을 한다. 또한 어린이에게는 성장과 두뇌발달을 촉진하는

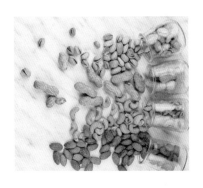

매우 중요한 영양소다. 뿐만 아니라 장기를 보호하고 체온을 유지해주는 지방은 1g을 섭취했을 때, 탄수화물, 단백질의 열량에 비교해 두 배 이상인 9kcal의 열량을 낸다. 혹한의 계절을 지내야 하는 극지방의 동물들은 몸에 지방을 축적하여 높은 열량 에너지를 통해 체온을 보호한다. 동물들에게 체온 유지는 생명과

직결된 것이다.

리놀레산, 알파(α)－리놀렌산, 아라키돈산은 사람에게 필요한 필수지방산이다. 필수지방산은 우리 몸에서 합성이 안 되는 특징을 가지고 있으며 실온에서 액체 상태인 불포화지방산이다. 참기름, 등푸른생선, 견과류 등에 많이 들어 있으며 필수지방산이 부족하게 되면 피부염, 면역력 저하, 성장저하, 우울증 등을 유발할 수 있다.

지방은 우리 몸에 매우 중요하고 고마운 영양소이다. 문제는 지방이 아니라 과도한 지방섭취이다.

이 밖에도 많은 양은 아니지만, 꼭 필요한 영양소로 비타민과 무기질이 있다.

비타민과 무기질은 우리 몸의 생리 기능을 조절하며 물질대사에 관여하고 성장, 발육과 신체조직을 구성하는 데 필수 영양소이다.

무기염류와 비타민은 잡곡, 채소, 과일 등에 많이 포함되어 있으며 종류가 매우 많다. 무기질은 인체에 필요한 소량의 광물질을 말하며, 대표적인 무기염류로는 철, 칼슘, 칼륨, 마그네슘, 인, 아이오딘 등이 있다.

철분 부족은 빈혈을 유발하며 칼슘은 골다공증, 구루병 등을, 마그네슘 결핍은 저혈압, 수족냉증, 심장병 등의 위험이 있다.

비타민은 종류에 따라 기능이 다양하며 비타민 A, B, C, D, E, F, K, U가 있다. 비타민 B, C는 수용성 비타민이며 그 외는 지용성 비타민이다. 비타민 대부분은 인체 내에서 합성이 되지 않아 외부에

비타민의 종류.

서 흡수해야 하는 대표적인 영양소이다. 비타민이 부족하게 되면 야맹증, 괴혈병, 구루병, 불임증 등 신체기능에 큰 이상이 올 수 있다. 그래서 비타민은 현대 비타민 산업을 폭발적으로 발전시켰다.

그런데 일부 학자들과 의사들은 비타민의 무분별한 섭취에 회의적인 의견을 내놓고 있다.

아이오딘

아이오딘은 갑상선 호르몬의 주요성분이다. 갑상선 호르몬
은 신체 대사를 조절하는 일을 하며 간의 글리코젠^{glycogen} 분
해와 지방 대사에도 관여한다. 갑상선 기능이 저하되면 심한
피로감을 느끼게 되고 만사가 무기력하다.

아이오딘은 해조류와 어패류에 많이 들어 있는 무기염류
이다.

반대로 아이오딘을 과다복용하면 오히려 갑상선 기능 항진
증을 불러올 수 있어 주의해야 한다.

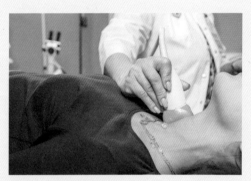

병원에서 갑상선 기능 검사 중인 모습.

번개가 많이 치면
풍년이 든다

과거 농경사회였던 우리나라는 오랜 관찰력
으로 얻어진 날씨에 관한 속담들이 많다.
이 속담도 번개가 많이 칠수록 그해 농사가
풍년이 드는 것을 직접 경험한 것이 전해지게
된 것이다.

옛날이나 지금이나 번개는 아주 두려운 기상 현상이다. 번개가 치는 날이면, 두 손으로 귀를 막고 이불 속을 파고들었던 기억이 생생하다. 엄청난 전기불꽃 때문에 발생한 섬광으로 하늘이 두 쪽 날 것 같아 심장이 멎는다. 그 섬광에 이어 따라오는 천둥소리 또한 간담을 서늘하게 한다. 지은 죄가 없어도 괜스레 어깨가 움츠러들 정도로 번개의 위력은 실로 어마어마했다.

현대에는 벼락을 막는 피뢰침이 발명되어 고층빌딩이 즐비한 도심에서도 벼락의 위험에서 매우 안전하게 되었다.

이처럼 두렵고 무서운 번개가 농사에 도움이 된다고 하니 아주 흥미로운 일이다.

과연 번개가 정말 풍년을 불러올까?

이 질문에 대한 답은 그렇다이다.

오랜 옛날, 속담의 주인공인 번개는 오히려 농사에 중대한 영향력을 끼치는, 없어서는 안 될 요소였다고 한다. 그리고 속담

안에는 매우 합리적인 과학의 원리가 담겨 있다.

지금부터 번개가 많은 해는 풍년이 왜 가능한지 정확한 과학
적 원리에 대해서 알아보자.

　왜 번개가 많이 치면 풍년이 드는 것일까? 여기에는 오랜 세월 경험으로 체득한 선조들의 과학적 통찰이 녹아 있다.

　번개는 적란운에서 발생한 비로 강한 비바람과 천둥, 번개를 동반한다. 뇌우를 발달시키는 적란운은 수직 상승 기류이다. 다량의 수분을 품은 고온의 수증기는 수직 상승 기류를 타고 하늘 높이 올라가 양전하의 얼음알갱이가 된다. 그리고 적란운 안에서 음전하를 띤 하층의 수증기와 격렬하게 마찰을 일으킨다.

적란운 항공 사진.

적란운.

이 과정에서 발생한 정전기(마찰전기)가 번개를 일으킨다. 이렇게 발생한 번개가 지면에 떨어지면 낙뢰(벼락)가 되는 것이다.

그렇다면 번개는 풍년과 무슨 관계가 있을까?

신비하게도 번개는 질소 분자를 분해하여 질소화합물로 바꾸는 질소고정 현상을 일으킨다. 질소화합물은 식물들의 단백질 공급원 중 하나인 비료를 만들어내는 데 중요한 역할을 한다. 번개가 만들어낸 질소화합물은 비를 통해 토양으로 스며들어 농작물을 기름지게 하는 것이다.

동물과 인간의 배설물에서나 소량의 비료를 얻어낼 수 있었

번개가 많이 치면 그해 농사는 풍년이 든다.

던 과거에는 비료를 다량으로 합성해 내는 일은 불가능했다. 농사가 생명줄이었던 우리 선조들에게 비료의 합성은 번개만이 가능했던 확실하고 정교한 공

현대사회는 합성 비료를 개발해 풍요로운 사회가 되었다.

정이었을 것이다. 결국은 뇌우가 천연비료공장 기술자였던 셈이다.

　이렇게 감사한 번개와 비가 동시에 발생하니 뇌우는 하늘이 보내준 풍년의 전령사가 아니겠는가?

질소고정

질소고정은 대기 중의 질소를 생물체가 잘 흡수할 수 있는 상태의 질소화합물로 바꾸는 과정이다.

자연상태에서는 박테리아나 번개에 의해 질소고정이 일어난다. 하지만 자연적 원인으로 발생하는 질소고정으로는 다량의 질소화합물을 만들어내는 것이 충분하지 않았다.

비료를 만드는 데 중요한 재료가 되는 질소는 다른 물질과 잘 반응하지 않는 특성 때문에 인공적으로 합성하기가 매우 어려웠다.

프리츠 하버.

하지만 1909년 독일의 화학자 프리츠 하버는 질소에서 비료의 중요 성분 중 하나인 암모니아를 합성하는 데 성공한다.

이후 하버-보슈 공정을 통해 다량의 암모니아를 합성하는 방법이 완성되면서 화학비료 시대를 열게 되었다.

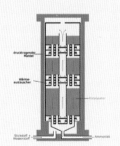

하버-하보슈 공정 원리가 담긴 단면도.

언 발에 오줌 누기

임시방편으로 대충 일을 해결하면 오히려 일을 더 크게 그르친다.

실내 활동이 점점 늘어나고 있는 현대인들에게 손, 발이 어는 일은 좀처럼 찾아보기 힘들다. 난방시설의 발전과 주거 형태의 변화 그리고 옷의 품질이 탁월하게 좋아진 것이 주 이유가 될 것이다.

하지만 불과 몇 십 년 전만 해도 손, 발이 어는 일은 겨울철에

흔히 볼 수 있는 질병이었다. 이 속담은 급한 마음에 꽁꽁 언 발 위에 오줌을 누는 행동은 임시방편으로 일을 대충 때워서 오히려 일을 더 크게 그르친다는 교훈을 담고 있다.

그렇다면 그 안에는 어떤 과학적 원리를 담고 있을까?

언 발에 오줌을 눈다는 것은 현명할까?

한번 상상해보자. 언 발에 오줌을 누면 어떻게 될까?

동상에 걸린 발은 감각이 없
고 붉어지며 가렵다. 심하면
피부 괴사로 절단해야 한다.
얼핏 듣기에 별 증상이 아닌
것 같아도 심해지면 동상 부
위를 절단해야 하는 아주 무
서운 상태인 것이다.

동상에 걸린 손.

동상에 걸린 사람이 가장 먼저 해야 할 일은 동상 부위를 따
뜻하게 해주는 것이다. 피부 온도를 올려서 원래 상태로 되돌려
흐르지 않았던 피를 다시 돌게 해주는 일이 가장 급하게 이루어
져야 한다.

36.5도의 체온을 가진 사람이 꽁꽁 언 발에 오줌을 누면 그
부위는 아주 빠르게 따뜻해진다. 이유는 액체인 오줌의 열전도

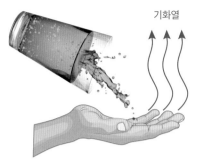

기화열

율이 기체보다 높고 빠르기 때문이다. 따라서 당장은 36.5도의 따뜻한 열을 전달받으며 발이 녹는 듯해 안심할 수도 있다.

하지만 이것은 더 큰 화를 불러오는 길이 된다.

오줌이 발에 닿는 순간 오줌의 열이 발로 전부 이동한다. 발의 온도는 올라가지만, 오줌은 열을 잃어 온도가 내려가기 시작한다. 열의 전도가 시작된 것이다. 오줌에서 발로 열의 전도가 끝나게 되면 오줌과 발의 온도 차는 역전이 된다. 차가워진 오줌은 따뜻한 발의 열을 흡수하여 기체로 변하기 시작한다. 기화가 시작되는 것이다.

액체가 기체로 기화가 일어날 때는 열이 필요하다. 그리고 오줌은 따뜻한 발의 열을 흡수한다. 이것이 기화열이다.

하지만 오줌이 기체가 되면서 발에서 흡수한 기화열로 인해 발의 온도는 더 내려가게 된다. 결국 오줌을 누기 전보다 더 차가워지는 상태가 발생한다. 언 발을 녹이려다가 더 꽁꽁 얼게 만들어 오히려 위험한 상황이 발생할 수도 있는 것이다. 이는 무더운 여름날 물을 뿌리면 액체인 물이 기화열을 흡수하여 주변이 시원해지는 원리와 같다.

현대사회에서도 종종 발생하는 동상은 치료 시기를 놓치면 그 부분을 제거해야 할 수도 있는 만큼 이 속담을 가벼운 농담으로 취급하지는 말았으면 한다.

물질의 상태 변화

물질은 크게 고체, 액체, 기체, 플라스마 상태로 존재한다. 고체 상태의 물질에 열을 가할수록 액체, 기체 상태로 변한다. 기체 상태에서 열을 가하면 자유전자와 이온 핵 상태가 되는 데 이것을 플라스마라고 한다. 고체가 액체가 되는 과정을 융해, 액체가 기체가 되는 과정을 기화, 고체가 기체가 되는 과정을 승화라고 한다. 그 반대 과정은 기체에서 액체가 되는 액화, 액체가 고체가 되는 응고가 있다.

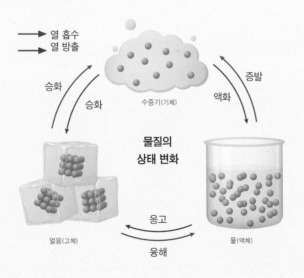

등하불명
(등잔 밑이 어둡다)

문제의 해결점은 멀리 있는 것이 아니라
가까이 있다.

등하불명(등잔 밑이 어둡다)은 '문제의 해결점은 멀리 있는 것이 아니라 가까이 있다'라는 뜻으로 자기 자신과 주위를 먼저 성찰하라는 의미 깊은 고사성어다.

등잔.

그렇다면 왜 등잔 밑은 어두운 걸까?

그것은 빛의 대표적인 성질 중 첫 번째인 빛의 직진 때문이다.

같은 매질 속에서 빛은 반드시 직진한다. 그래서 등잔의 불빛은 사방으로 퍼져 나간다. 그리고 이러한 빛의 성질은 그림자를 만들어 낸다. 빛의 직진을 막는 물체 반대편에 빛이 도달하지 못해 생기는 현상이 그림자인 것이다.

다시 속담으로 돌아와 살펴보면, 사방으로 퍼져 나가는 등잔 불빛을 가로막는 것은 등잔을 받치는 등잔 받침이다. 그래서 등잔 아래에 놓인 등잔 받침 밑은 항상 어두울 수밖에 없다.

등하불명은 생활 속에 작은 현상도 놓치지 않고 삶의 지혜로 발전시킨 선인들의 면밀한 관찰력이 돋보이는 과학이 담긴 고사성어다.

1879년 미국의 발명가 토머스 에디슨이 실용화할 수 있는 전구를 발명하면서부터 인류는 어둠에서 해방되었다. 전구의 발명은 어두운 밤을 환하게 밝혀주었을 뿐만이 아니라 오늘날 형광등, LED까지 이어져 현대문명을 혁신적으로 변화시켰다.

하지만 불과 150여 년 전까지만 해도 인류는 어둠에 익숙해 있었다. 인류가 전기를 이용하여 불을 밝힐 수 있기 전까지 어둠을 밝히는 재료는 동, 식물에서 나온 기름이었다. 하지만 기

백열전구.

LED 전구.

름은 보편적으로 이용되기에는 너무 비쌌다. 돈이 없어 불을 밝힐 수 없는 사람이 반딧불과 반사되는 눈빛을 벗 삼아 공부했다는 형설지공이라는 고사성어만 보더라도 서민이 기름으로 불을 밝히는 일은 쉽지 않았다.

등잔은 동, 식물 기름을 담은 후 심지를 꽂아 불을 밝히는 그릇이다. 모양도 다채롭고 재질도 나무, 놋, 철제, 도자기 등 다양하다. 오랜 세월 사용됐으며 삼국시대, 조선 시대 유물 등에서도 많이 출토되고 있다.

기름이 귀했던 시절에는 여름에는 반딧불이의 빛에 기대어, 겨울에는 달빛에 반사된 눈빛에 기대어 공부한다는 형설지공이란 사자성어가 있다.

빛의 성질

빛의 성질에는 직진, 굴절, 반사 3가지가 있다. 빛은 같은 물질 안을 통과할 때는 반드시 직진한다. 거울과 같은 매끄러운 면에서 빛은 흡수되지 않고 튕겨 나오는 데 이러한 현상을 반사라고 한다. 우리가 사물의 색을 볼 수 있는 이유도 물체들이 특정한 파장의 색을 반사하기 때문이다.

빛의 굴절은 빛이 서로 다른 매질을 통과할 때 구부러지는 현상을 말한다. 빛이 직진하다 액체 속으로 들어가게 될 때 빛이 지나가는 매질이 기체에서 액체로 바뀌는 경계면에서 꺾이게 된다.

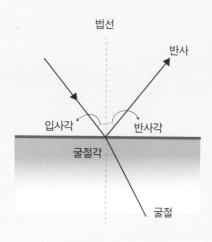

예를 들어 수영장 바닥이 실제 깊이보다 더 얕게 느껴지는 이유는 빛의 굴절로 인해 수면 아래 바닥이 떠올라 보이기 때문이다. 그래서 물속으로 들어갈 때는 주의해야 한다. 얕게 느껴진다고 첨벙 뛰어 들어갔다가는 사고를 당하게 될지도 모르기 때문이다.

수영장을 들여다 보면 빛의 굴절로 인해 실제보다 수영장 바닥이 더 얕게 느껴지기도 한다.

바늘구멍으로
황소바람 들어온다

그냥 지나치는 작은 실수나 소홀히 생각했던
일로 큰 사건이 벌어질 수 있다.

유리창이 보급되기 전까지 우리나라는 창문에 창호지를 발라서 사용했다. 창호지는 일반 종이에 비해 두꺼웠으며 결이 나 있는 게 특징이다. 또한 창호지로 바른 문에서 은은하게 비치는 달빛과 두런두런 내리는 빗방울 소리는 낭만적인 소재로 우리의 감성을 자극한다.

하지만 창호지 하나로 북풍한설 매서운 추위를 이겨내야 한다고 생각하면 낭만은 잠시 접어두게 된다. 지금처럼 난방시설이 잘 갖춰져 있지 않은 시절에 북쪽에서 부는 바람은 방안에서도

창호지문.

바늘 구멍.

이불을 둘러쓰고 오들오들 떨어야 할 만큼 매서운 바람이었으며 달려오는 황소만큼이나 힘이 세고 강하게 느껴졌을 것이다.

북쪽에 위치한 한랭건조한 시베리아 고기압은 우리나라에 엄청난 추위를 몰고 온다. '바늘구멍으로 황소바람 들어온다'에서 황소바람은 바로 이 매서운 북풍을 지칭하는 말로, 그냥 지나치는 작은 실수나 소홀히 생각했던 일로 큰 사건이 벌어질 수 있음을 경고하는 속담이다.

바늘구멍과 황소바람이라는 단어는 매우 과장된 표현이지만 아주 재미있다. 이 속담에는 직설적인 충고나 어설픈 잔소리가 아닌 머리에 쏙 들어오는 단어를 사용하여 강렬한 가르침과 해학을 담고 있다. 또한 이 가르침 속에는 선조들의 예리한 관찰력에서 나온 과학적 원리도 담겨 있다.

위성으로 살펴본 한랭전선의 모습.

종이 특성상 창호지는 비바람에 약했을 것이다. 여기저기 구멍이 나는 경우도 많았을 것이다. 하지만 왜 하필 큰 구멍이 아니고 눈에 보이지도 않는 바늘구멍에서 황소 같은 바람이 들어오는 것일까?

여기에는 비행기 날개에 작용하는 양력을 발생시키는 유체(흐르는 액체나 기체)의 원리와 연관이 있다. 그 원리는 '베르누이의 정리'이다.

베르누이의 정리는 스위스의 수학자이자 물리학자인 베르누이가 공식화한 유체의 속도와 압력, 높이와의 관계를 수량적으로 나타낸 법칙이다.

이 정리의 핵심은 유체의 속력이 증가하면 유체 내부의 압력이 낮아지고 속력이 감소하면 내부 압력이 높아진다는 것이다.

비행기의 날개를 살펴보면 아래쪽은 평평하고 위쪽은 볼록하다. 날개 위쪽인 볼록한 부분으로 공기가 흐를 때는 속도가 빨

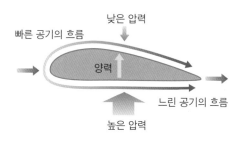

낮은 압력

빠른 공기의 흐름

양력

느린 공기의 흐름

높은 압력

비행기에 적용된 베르누이의 정리.

라진다. 물이 직선 구간보다 곡선 구간에서 빠르게 흐르는 원리와 같은 것이다.

베르누이 원리에 의해 날개 위쪽은 속력이 빨라졌기 때문에 압력이 낮아진다. 반대로 날개의 아래쪽은 평평하기 때문에 공기의 속력이 느려져 압력이 높아진다. 양력은 높은 압력에서 낮은 압력 쪽으로 작용한다. 이러한 상하 날개의 압력 차로 인해 아래쪽에서 위로 양력이 작용하여 비행기가 뜨게 되는 것이다. 비행기에서 일어나는 이와 같은 현상이 창호지의 바늘구멍에서도 발생하는 것이다.

 공기는 큰 구멍보다 작은 구멍을 통과할 때 속력이 빨라진다. 같은 양의 유체가 좁은 통로를 지나려면 빠르게 이동하지 않으면 빠져나갈 수 없기 때문이다. 그래서 공기는 큰 구멍을 지날 때보다 바늘구멍처럼 작은 통로를 지날수록 속력이 엄청나게 증가한다.

 베르누이의 정리에 따라 유체의 속력이 증가하면 압력이 낮아지기 때문에 주변보다 상대적으로 압력이 낮아진 바늘구멍으로 빠르고 강한 바람이 밀려 나오게 되는 원리가 적용되는 이 속담은 속담 하나에도 많은 경험과 관찰이 녹아 있음을 깨닫게 한다.

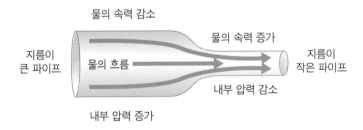

유리

유리는 규사·탄산나트륨·탄산칼슘 등을 높은 온도에 녹인 후 냉각하면 생기는 투명한 물질로, 매우 오래된 역사를 가지고 있다. 오래된 역사만큼이나 다양한 곳에 사용되어왔으며 많은 기술적 발전을 이루어왔다.

유리는 대중화되기 시작한 19세기 전까지만 해도 보편적인 건축 소재가 아니었다. 중세 유럽의 스테인드글라스로 장식된 아름다운 대성당들만 보더라도 유리공예 기술은 특정한 계층만 누릴 수 있는 특권이자 부의 상징이었다.

글로스터 대성당의 스테인드글라스 작품.

하지만 현대에 와서는 가공기술의 발전으로 유리는 고층 빌딩에서도 매서운 시베리아 북풍과 여름철의 태풍을 견뎌낼 만큼 견고하고 튼튼하게 만들어지는 건축 소재로 사용되고 있다.

현대 사회는 유리로 지은 건물 안에서도 추위와 자극에서 안전하다.

7

낮말은 새가 듣고
밤말은 쥐가 듣는다

사람뿐 아니라 새와 쥐도 우리가 하는 말을
듣고 옮길 수 있으니 항상 말조심을 해야
한다.

'낮말은 새가 듣고 밤말은 쥐가 듣는다'는 매우 재미있는 속담이다. 사람이 하는 말을 들으려고 귀를 쫑긋 세우고 있는 새와 쥐를 상상만 해도 절로 웃음이 나온다.

사람뿐 아니라 새와 쥐도 우리가 하는 말을 듣고 옮길 수 있으니 말조심을 해야 한다는 뜻을 가진 이 속담 안에는 매우 날카로운 관찰력이 돋보이는 과학적 사실이 담겨 있다.

왜 낮말은 호랑이나 여우가 아니고 새가 듣는 것일까? 우리 민담에 친숙하게 등장하는 호랑이나 여우가 아닌 이유는 무엇일까?

호랑이와 여우뿐만이 아니라 낮에 돌아다니는 동물은 생각보다 많다. 외양간의 소도 있고 부뚜막의 강아지도 있다. 그런데 왜 하필 새일까?

　이 속담에 담긴 과학적 원리는 소리 파동인 음파와 관계가 있다.

BIRDS HEAR BY DAY
AND
RATS BY NIGHT

우리가 들을 수 있는 소리는 물체의 진동으로 발생한다. 물체가 진동하면 그 파장은 공기로 전달된다. 공기로 전달된 파장은 다시 공기를 진동시키게 되고 공기의 진동이 고막에 전달되어 들을 수 있게 되는 것이다.

그런데 이 음파는 매우 재미있는 특성을 가진다.

음파의 속도는 고체, 액체, 기체 속을 지날 때 각각 달라지며 온도에도 영향을 받는다.

고체는 액체나 기체보다 음파를 빨리 전달한다. 이유는 고체 속에 있는 분자 간의 거리가 액체나 기체보다 가깝기 때문이다. 또한 음파는 고온에서 더 빠르게 전달된다. 온도가 높으면 분자의 움직임이 활발해지기 때문이다.

그렇다면 이러한 음파의 성질은 낮말과 무슨 관계가 있는 것일까?

낮은 밤보다 온도가 높다. 낮에는 태양 빛을 받은 땅 온도가

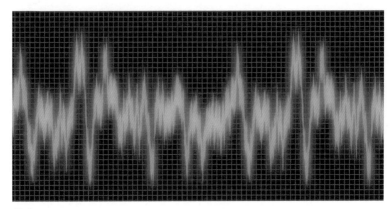

음파.

상공의 온도보다 더 빠르게 올라간다. 그것은 고체가 액체나 기체보다 빨리 뜨거워지고 빨리 식는 이유와도 같다. 그래서 낮에는 지면과 상공의 온도 차가 발생한다. 이 때문에 음파는 뜨거운 지면에서는 속도가 빠르게 전달되고 상대적으로 온도가 낮은 상공으로 올라갈수록 속도가 느리게 전달된다. 결론적으로 지면에서 상공 쪽으로 소리가 퍼지는 현상이 발생하는 것이다.

그래서 낮에 하는 말은 땅에 있는 동물보다 저 상공을 날아다니거나 높은 나무 위에 앉아 있는 새에게 더 잘 들릴 수밖에 없다.

밤에는 이와 반대 현상이 나타난다.

밤에는 고체인 지면이 상공보다 빨리 식게 된다. 온도가 내려가면 음파는 진동 속도가 느려져서 높이 올라가 퍼지지 못하고 아래로 깔리게 된다. 그러니 밤에는 높은 곳보다는 땅에서 분주하게 움직이며 돌아다니는 쥐들이 더 잘 듣게 되는 것이다.

아주 오랜 옛날, 음파의 원리를 알게 된 그 누군가가 있었다. 그는 이 엄청난 원리를 쉽게 전달하고자 짧고 강렬한 한 문장으로 남기겠다고 결심한다. 그래서 탄생한 문장이 낮말은 새가 듣고 밤말은 쥐가 듣는다였다면? 그는 아마도 위대한 과학자이자 천재 문장가가 아니었을까? 물론 이 속담은 생활에 대한 조언이므로 농담이다.

소리의 3요소

소리의 크기, 높낮이, 맵시를 소리를 구성하는 3요소라고 한
다. 소리의 크기는 소리의 세기와도 같은 말로 음파의 진폭에
의해 결정된다. 진폭이 클수록 큰 소리가 난다.

소리의 높낮이는 음파의 진동수에 의해 결정되는 것으로 진
동수가 많을수록 높
은 소리를 낸다.

소리의 맵시는 음
파의 모양을 말한다.
같은 크기와 높낮이
를 가진 소리라고 해
도 음파의 모양이 다
르면 다른 소리로 들
린다.

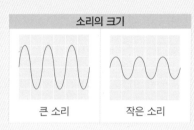

소리의 크기

큰 소리 　　　　작은 소리

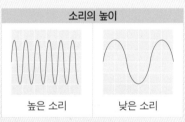

소리의 높이

높은 소리 　　　　낮은 소리

소리의 맵시(음색)

피아노 소리 　　　　바이올린 소리

8

콩 심은 데 콩 나고
팥 심은 데 팥 난다

자신의 노력과 원인대로 결과물이 나오기 때문에 좋은 결과를 얻으려면 그것에 합당한 노력을 해야 한다.

'콩 심은 데 콩 나고 팥 심은 데 팥 난다'라는 말은 자신의 노력과 원인대로 결과물이 나온다는 뜻으로, 좋은 결과를 얻으려면 그것에 합당한 노력을 해야 한다는 교훈이 담긴 속담이다. 그리고 이 속담에는 유사하지만 조금은 다른 의미도 담겨 있다. 그것은 유전과 관계된 것이다.

옛말에 '씨도둑은 못 한다'라는 말이 있다. 부모의 형질이 고스란히 자식에게 넘어가 부모의 외모, 성격 심지어는 습관까지

콩.

팥.

도 닮는 것을 말한다.

'콩 심은 데 콩 나고 팥 심은 데 팥 난다'라는 속담도 이와 같은 유전의 원리가 담겨 있다. 이 속담에서는 유전을 과학적으로 이해하기 훨씬 전부터 혈연 사이에는 같은 형질적 특성을 이어지게 만드는 메커니즘이 작동하고 있다는 것을 오랜 관찰을 통해 이해하고 있었던 선조들의 지혜를 엿볼 수 있다.

콩을 심으면 콩나물이 난다.

유전에 관한 과학적 연구의 첫 시도는 흥미롭게도 속담에 등장하는 콩으로부터 시작되었다. 1865년 오스트리아에 있는 작은 마을 브륀의 수도사였던 멘델이 처음으로 유전의 법칙을 발견한 이래 유전학은 폭발적으로 발전해왔다.

멘델이 처음으로 관찰한 식물은 완두콩이었다. 멘델은 다양한 모양과 크기, 색깔을 가진 완두콩을 교배하여 몇 세대에 걸쳐 관찰했다.

6년이라는 긴 세월 동안, 이 조용하고 차분한 수도사의 노력으로 유전의 3대 기본 법칙인 우열의 법칙, 분리의 법칙, 독립의 법칙이 밝혀지게 되었다.

콩의 일생.

아쉽게도 멘델이 살아 있는 동안 그의 이론은 주목받지 못했다. 하지만 1900년대에 접어들면서 멘델은 후학들에게 재조명되었고 유전학의 아버지로 불리며 이 분야의 선구자가 되었다.

이후 염색체와 유전의 핵심인 DNA가 발견되었다. 그리고 1953년! 케임브리지 대학의 생화학자 프랜시스 크릭과 미국인 생물학자 제임스 왓슨은 DNA 구조가 이중나선구조라는 것을 밝혀냄으로써 DNA 연구에 새로운 지평을 열었다.

이렇게 발전을 거듭한 유전학은 결국 2003년 인간 유전자지도인 게놈을 완성하는 엄청난 쾌거를 올렸다.

인간의 유전자는 유전자지도에 의해 완벽하게 분석되었다. 이제 우리는 어떤 유전자가 어떤 형질을 만들어내고 어떤 병을 유발하는지 전부 예측할 수 있는 시대에 살고 있다. 심지어 현대의 발전된 유전학은 식물, 동물 등의 유전자 조작을 통해 병에

유전자 연구로 생물학과 의학은 눈부신 발전을 이루게 된다.

강하고 더 빨리 자라며 영양가가 풍부한 새로운 종을 만들어내는 단계까지 발전했다. 이제 유전자 조작(GMO) 콩이나 옥수수는 놀라운 단어도 아니다.

유전학의 최근 기술은 유전자 가위이다. 이 기술은 기존의 유전자에서 취약했던 DNA만을 선별적으로 잘라내어 강점만 가진 품종을 만들어내는 것이다.

유전자 조작과 유전자 가위 기술은 여전히 찬반양론에 둘러싸여 있다. 기술을 어떻게 사용할 것인가는 항상 인류에게 내려진 숙제와도 같아 늘 생각하게 만든다. 어쩌면 오랜 세월이 흐른 뒤 이 속담은 이렇게 바뀌어 있을지도 모른다.

'콩 심은 데 팥도 나고 팥 심은 데 콩도 난다'

유전자 조작과 유전자 가위

유전자 조작과 유전자 가위는 비슷한 것 같지만 기술적 접근이 다르다. 유전자 조작이 기존의 개체에 다른 유전자를 집어넣어 강점을 만드는 기술이라면 유전자 가위는 기존의 유전자에서 약점만을 잘라내어 신품종을 만들어내는 기술이다.

대표적인 유전자 조작 작물로는 콩과 옥수수가 있다.

유전자 가위 기술을 긍정적으로 생각하는 과학자들은 기존의 유전자에서 약점만을 선별적으로 잘라냈기 때문에 안전하다고 주장하지만 유전자 가위 기술로 탄생한 동식물을 유전자 조작의 범위에 넣을 것인지 말 것인지에 대한 논의는 매우 뜨겁다.

대표적인 유전자 조작 작물.

유전자 가위 기술로 탄생한 대표적 작물에는 갈변 현상이 없는 양송이가 있다. 이것은 펜실베이니아 주립대학 연구팀이 개발한 것으로, 양송이 유전자에서 갈변을 일으키는 유전자만 제거하여 만들었다.

갈변을 일으키는 유전자만 제거한 양송이도 있다.

유전자 변형   생명공학

나노기술   유전공학

유전자 조작과 유전자 가위 기술이 활용되고 있는 분야들.

9

빈 수레가 더 요란하다

빈 수레가 요란한 법이니 겉으로 드러나는 허풍과 자랑에 속지 말고 사물과 일의 실체와 원리를 꿰뚫어 보라.

백 마디 말보다 한 문장의 속담이 내용 전달에 있어 더 효과적일 때가 많다. 짧으면서도 재미있고 수많은 뜻을 함축적으로 담고 있는 속담은 선조들의 통찰력이 돋보이는 지혜의 보고^{寶庫}이다.

'빈 수레가 더 요란하다'라는 속담은 짧은 지식을 뽐내며 잘난 체하는 행동을 경계하는 말이다. 여기에는 빈 수레가 요란한 법이니 겉으로 드러나는 허풍과 자랑에 속지 말고 사물과 일의 실체와 원리를 꿰뚫어 보라는 선조들의 예리한 충고와 함께 정교한 과학적 원리가 숨겨져 있다.

수레는 짐을 옮길 때 사용하는 운송수단이다. 지금은 수레라는 이름을 많이 사용하지 않지만, 우리 일상생활에서 수레는 매우 중

요한 도구이다. 마트에서 사용하는 카트도 수레의 일종이며 자동차도 넓게 보면 수레에 속한다. 수레는 문명을 일으키고 대제국을 건설하는 데 핵심적인 역할을 한 도구이다. 수레가 발전한 나라는 교통과 토목, 건축 기술이 비약적으로 발전하게 되었다.

인류의 문명을 이끌어 온 발명품 중에 수레는 매우 중요한 위치를 차지하고 있었다.

수레.

카트.

화물열차.

그런데 왜 빈 수레는 요란한 것일까?

우리는 경험적으로 수레가 비었을 때 더 시끄럽다는 것을 알고 있다. 하지만 정확한 과학의 원리는 모른다. 이제 그것을 확인해보자.

빈 수레 속담에는 정확한 물리의 원리가 작동하고 있다. 그것
은 관성의 법칙과 음파이다.

관성력의 법칙은 뉴턴의 제1운동 법칙으로 물체가 자신의 상
태를 유지하려는 힘을 말한다. 다시 말해, 외부의 힘이 작용하
지 않는 한 움직이고 있는 물체는 계속 움직이려 하고 멈춰 있
는 물체는 계속 멈춰 있으려는 힘이다.

버스가 달리다가 급정거를 하면 사람들이 앞으로 확 쏠리는
현상이 대표적인 관성의 법칙이다.

음파(소리)는 물체의 진동 때문에 발생하는 것으로 공기를 통
해 우리 귀에 전달된다. 물체의 진동이 클수록 공기에 전달되는
음파의 진동 폭이 커져서 소리가 크게 들리고 물체의 진동이 작
을수록 소리의 크기도 작아진다.

빈 수레가 더 요란한 이유는 바로 이 관성력과 음파의 조화
때문이다.

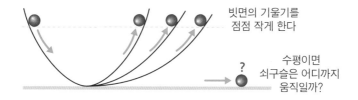

빗면의 기울기를
점점 작게 한다

수평이면
쇠구슬은 어디까지
움직일까?

?

우리 주변에서도 관성의 법칙은 쉽게 관찰할 수 있다.

관성력은 물질의 질량이 클수록 커진다. 바꾸어 말하면 관성력이 커진다는 것은 질량이 크다는 의미다. 질량은 무게와 비례하기 때문에 짐을 실은 수레는 빈 수레보다 무거워진다. 짐수레가 무거우면 바퀴의 마찰이 작아지고 마찰이 작아지면 바퀴의 진동도 작아지게 된다. 그래서 공기에 전달되는 바퀴의 진동 폭이 작아져 우리에게 전달되는 소리도 작게 들리는 것이다.

이에 반해, 물체가 실려 있지 않는 빈 수레는 질량이 작아져 관성력도 작아진다. 관성력이 작아지면 가벼운 무게로 인해 수레바퀴의 마찰이 커지고 바퀴의 진동 또한 커지게 된다. 바퀴의 진동이 커지면 공기에 전달되는 바퀴 소리의 진동 폭이 커지면서 우리 귀에 빈 수레의 소리가 더 요란하게 들리는 것이다.

그런데 빈 수레가 요란한 이유가 한 가지 더 있다. 그것은 빈 수레가 공명통 역할을 한다는 것이다.

공명은 같은 진동수를 가진 물체와 파동이 만나 소리가 더 커지는 현상이다. 수레바퀴의 진동이 공기에 파장을 일으키고 빈 수레의 상부에 전달될 때 수레의 빈 공간이 일종의 공명통 역할을 하는 것이다. 이 공명통으로 인해 수레바퀴의

첼로와 기타 등 현악기는 소리를 증폭시키기 위해 안이 비어 있다.

진동 폭이 더 확장되어 소리가 훨씬 크게 들리게 된다. 이것은 바이올린이나 첼로 등의 악기 소리를 증폭시키기 위해서 빈 공간의 공명통을 만든 것과 같은 원리이다.

빈 수레 하나에 담긴 수많은 자연의 이치를 통해 끊임없는 삶의 관찰과 통찰로 얻어 낸 선조들의 혜안에 박수를 보낸다.

소리굽쇠와 보강간섭

소리굽쇠.

소리굽쇠는 오로지 하나의 진동수에서만 진동하도록 만들어진 기구다. 같은 진동수를 가진 소리굽쇠를 일정한 간격으로 놓은 후 소리굽쇠 한 개만 진동시키면 진동시키지 않은 소리굽쇠도 함께 진동한다. 이것은 진동시킨 소리굽쇠의 음파가 공기를 타고 전달되어 진동시키지 않은 소리굽쇠를 진동시키는 원리이다.

이때 진동시키지 않은 소리굽쇠의 소리는 진동시킨 소리굽쇠보다 더 커지는데 이는 공기 때문에 전달된 같은 진동의 음파가 더해져 진폭이 커졌기 때문이다. 진폭이 커지면 같은 진동수라고 해도 소리가 커지기 때문이다. 또한 진동수가 일치하는 소리굽쇠를 동시에 진동시키면 음파는 보강간섭을 일으켜 4배로 커진다.

보강간섭은 2개 이상의 파동이 겹칠 때 파동의 마루와 골이 더해져 생기는 현상으로, 합성된 파동의 진폭이 2배로 커지는 현상을 말한다.

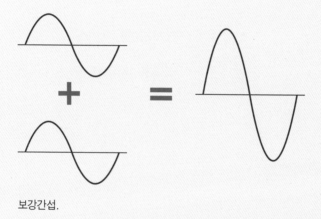

보강간섭.

자라 보고 놀란 가슴
솥뚜껑 보고 놀란다

어떤 사물을 보고 놀란 사람은 그와 비슷하게
생긴 것만 보아도 겁을 내게 된다.

  도시에서 생활하는 사람들에게 자라는 흔히 볼 수 있는 동물이 아니다. 하천이나 연못의 흙바닥에 살면서 알을 낳기 전에는 좀처럼 육지로 나오지 않는 습성이 있기 때문이다. 그리고 많은 사람들이 자라를 거북이의 사촌쯤으로 생각한다.

  자라를 본 적이 있는 사람이라면 자라의 등껍질이 솥뚜껑과 비슷하다는 것에 어느 정도 동의할 것이다.

  '자라 보고 놀란 가슴 솥뚜껑 보고 놀란다'라는 속담은 사람이 기억을 저장하고 반응하는 원리에 대해 익살스럽고 해학적

자라 보고 놀란 가슴 솥뚜껑 보고 놀라는 경험을 해본 적은 누구나 있을 것이다.

으로 표현한 속담이다.

과거에 강렬한 공포를 느꼈던 대상과 비슷한 느낌을 주는 물건을 보는 순간 전혀 연관성이 없음에도 극심한 공포 속에 다시 빠지는 현상 같은 것이다.

반대로 기분 좋았던 기억을 가진 대상과 비슷하거나 떠올리게 만드는 대상을 보면 기분이 좋아지는 반응 또한 같은 맥락의 현상이다.

인간의 기억은 어디에 저장되고 어떻게 처리되는 것일까?

그 모든 기능의 시작과 끝은 인간의 뇌 안에 있다. 인간 탐구의 집대성인 뇌를 연구하는 일은 21세기 과학자들의 최고 난제이자 호기심을 불러일으켰다. 특히 4차산업 시대에 접어들면서 인공지능과 빅데이터 등의 중요성이 커져갈수록 뇌의 작동원리에 관한 관심은 최고조에 이르고 있다.

인공지능과 인터넷 세상이 지배하는 4차산업 시대는 이제 시작되었다.

컴퓨터가 엄청난 데이터를 저장하고 통합하여 분석하고 결론을 도출해 내는 과정은 인간의 뇌가 움직이는 작동원리와 닮았다. 빅데이터 시대에 접어들고 있는 요즈음, 뇌 신경망의 작동원리는 기존의 슈퍼컴을 뛰어넘는 새로운 형태의 정교한 정보처리 기술의 모델로 적용되고 있다고 한다.

이렇게 신비롭고 정교한 일을 하는 인간의 뇌는 감정과 기억이라는 소재를 분업화하여 잘 다루고 있다.

뇌의 기능은 크게 간뇌와 변연계 그리고 신피질로 나눌 수 있다.

간뇌는 호흡, 생식, 심장박동, 반사 등의 생명 유지에 필요한 일을 관장하는 뇌로 파충류, 조류, 포유류를 포함한 모든 동물에서 볼 수 있다. 하지만 파충류인 자라에게서 인간과 같은 감정을 기대할 수 없는 이유는 자라의 뇌 안에 변연계가 발달해 있지 않기 때문이다. 자신을 보고 놀란 사람에게 같이 놀라는 혹은 어이없어하는 감정이 자라에게는 존재하지 않는다.

변연계는 고양이나 개 등을 포함한 포유류에서 나타나는 정서적, 감정적 교감과 관계가 있다. 그것은 바로 해마와 편도체라고 하는 뇌의 한 장소에서 시작된다.

해마와 편도체는 대뇌변연계라고 하는 부분에 속한다. 일종의 감정과 기억을 관장하는 뇌의 한 영역이다.

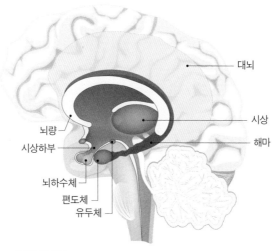

대뇌

시상

해마

뇌량

시상하부

뇌하수체

편도체

유두체

뇌의 단면도.

편도체는 주로 분노나 공포에 대한 기억을 담당하며 무의식적인 기억이 저장되는 곳이다.

해마는 기억의 입력장치 역할을 하며 단기기억과 의식적이고 언어적인 기억에 관여한다고 한다. 집사나 보호자의 슬픈 표정을 보고 살며시 다가와 핥아주는 고양이와 강아지의 행동은 바로 이 변연계의 화학적 신호에 의한 것이다.

신호라는 표현이 감동을 파괴하는 것처럼 들릴 수도 있다. 만약 신호라는 단어에 매우 불편한 느낌이 들었다면 지금 우리의 변연계가 잘 작동하고 있는 것이다.

인간은 기억뿐만이 아니라 슬픔, 기쁨, 공포, 분노 등의 감정

공유가 삶의 많은 부분을 차지하고 있는 동물이다. 오히려 냉철한 사고보다 감정에 휩싸이는 경우가 더 많다. 그래서 변연계는 포유류의 뇌라고도 칭하며 간뇌의 본능으로만 살아가는 자라와 인간을 차별화시키는 이유 중 하나이다.

마지막으로 뇌의 최고기능을 담당하고 있는 신피질이 있다. 지구상에 어떤 동물보다도 월등하게 발달한 인간만이 가지고 있는 고도의 뇌 기능이다. 냉철한 판단과 논리적인 고찰, 의식 있는 행동, 창조와 창의력이 나오는 부분이 바로 신피질이다. 신피질의 발달로 인간은 문명을 이루었고 영성을 키워왔으며 과학을 발전시킬 수 있었다. 발생학적으로는 뇌간과 변연계가 가장 먼저 발달했고 신피질은 상대적으로 후에 발달한 것으로 알려져 있다.

이렇게 분업화되어 정교하게 발달한 인간의 뇌는 서로 끊임없이 정보를 주고받으며 다양한 기능을 한다.

'자라 보고 놀란 가슴 솥뚜껑 보고 놀란다'에 담긴 뇌의 작동 원리는 지금까지 이야기한 뇌 기능들이 매우 정교하게 경이로운 공정을 거치며 연합하여 만들어내는 행동이다.

우연히 솥뚜껑을 본 사람이 있다. 순간 그의 신피질에서는 솥뚜껑의 시각적 정보를 받아들여 분석한다. 그리고 변연계에 전달한다. 신피질의 정보는 해마를 통해 변연계에 입력되어 편도체 속에 깊숙이 잠자고 있던 자라에 대한 무의식적 공포를 불러 일으킨다. 그것은 어쩌면 자라에게 물린 순간의 공포와 두려움, 놀람일 수도 있다. 다시 변연계는 이 감정을 간뇌에 전달하고 간뇌에서는 심장의 박동을 매우 급하게 올린다. 이 짧고도 간단한 속담 안에 뇌의 작동원리가 모두 들어 있음을 알 수 있다.

  과연 선조들은 이 모든 것을 알고 이야기했던 것일까? 아마도 뇌의 작동원리를 세세하게 설명할 순 없지만 인간의 생명 안에 담긴 수많은 원리를 통찰하고 이해하는 혜안이 있었다는 사실은 분명해 보인다.

치매

치매는 해마의 기능 상실로 인해 발병하는 대표적인 질병이다. 해마는 주로 처음 접하는 정보를 입력하는 역할을 하며 단기기억에 관여한다. 그래서 치매 환자들은 오늘 아침 혹은 조금 전의 기억은 못 하지만 어릴 때나 학창시절에 있었던 기억과 같이 아주 오래전 기억은 손상되지 않은 채 그대로인 경우가 많다.

최근 치매를 배경으로 하는 드라마도 여러 편 방영되며 치매에 대한 인식을 넓히기도 했다.

퇴행성 질환으로 알려져 있는 치매는 고령화 사회가 되면서 증가하고 있다. 우리나라는 현재 65세 이상의 노인 중 9%가 치매를 앓고 있다는 통계가 있으며 심장병, 암, 뇌졸중과 함께 4대 주요 사인死因으로 꼽힌다.

그런데 뇌의 퇴행성 질환인 치매는 노인에게서만 발현되는 증상이 아니다. 최근에는 20~30대에게서도 나타나고 있다.

현대인에게 무서운 질병인 치매에 대한 연구는 활발하다. 그리고 지금까지 밝혀진 것에 따르면 여러 가지 원인에 의해 뇌 손상을 겪으면서 기억력과 인지 기능에 장애가 생기는 모든 것이 치매에 해당된다.

현재 밝혀진 치매의 원인은 90여 가지가 있으며 이 중에서 가장 잘 알려진 원인 질환은 알츠하이머와 혈관성 치매로, 전체의 약 70%를 차지한다.

알츠하이머는 대뇌피질세포가 퇴행하면서 기억력과 언어 기능, 판단력 등의 장애가 발생한다. 즉 나이가 가장 중요한 위험인자이며 가족형 알츠하이머는 좀 더 일찍 발병한다.

알츠하이머 질환의 진행 단계

건강한 뇌

초기 알츠하이머 질환 뇌

중증 알츠하이머 질환 뇌

혈관성 치매는 말 그대로 혈관 질환과 관련되어 있으며 고혈압, 당뇨 등이 같이 발병한다. 특히 뇌경색, 뇌출혈과 같은 뇌졸중이 치매 유발의 위험이 크다.

만약 최근의 일은 잘 기억하지 못하면서 오래전 일은 또렷하게 기억하고 있다면 치매 검사를 받아보는 것이 좋다. 이는 치매의 대표적인 초기 증상이기 때문이다.

보통 건망증과 치매를 구분할 때는 내가 뭔가를 하려고 했던 것을 기억하지만 그게 뭔지를 쉽게 떠올리지 못한다면 건망증, 자신이 뭔가 하려던 것 자체를 잊었다면 치매를 의심하면 된다.

밝고 합리적이었던 사람이 화가 많아지고 우울해지며 주변을 의심하고 험담하는 등 성격 자체가 변화되거나 사물의 이름을 잊거나 사람을 잊는다면 이 또한 치매를 의심해봐야 한다.

현재 치매는 치료 방법이 없는 질병이다. 하지만 꾸준히 연구되어 치료가 가능한 질병으로 바뀌고 있는 만큼 초기 진단이 중요하다.

혈관성 치매는 뇌졸중만 예방한다면 진행을 막을 수 있는 만큼 불치병에서 치료 가능한 질병으로 변하고 있다.

11

굴러온 돌이 박힌 돌 뺀다

새로 온 사람이 원래 있던 사람을 내보내거나
못살게 구는 상황을 말한다.

　'굴러온 돌이 박힌 돌을 뺀다'라는 속담은 공동체 내의 사람이 외부에서 유입된 전혀 예기치 못한 상황이나 사람 때문에 손해를 입는 경우를 말한다. 긍정적으로는 외부에서 새롭게 들어온 변화가 구태의연한 낡은 구조를 변화시킬 수 있다는 의미로도 받아들일 수 있다.

　하지만 이 속담의 속내는 전자의 의미로 더 많이 써왔던 것 같다. 사람들은 외부로부터 들어온 예측할 수 없는 변수 때문에 진행하던 일이 실패로 끝나는 것을 더 두려워하는 경향이 있기 때문이다. 특히 농사를 기반으로 공동체 의식이 강했던 우리 조상들에게 있어 타지의 문물이나 외부 사람들은 호기심보다는 위협적이고 불안한 요인이었을 것이다.

　그것은 지금도 마찬가지다. 낙하산

으로 내려온 직원 때문에 열심히 노력하여 오른 자리에서 밀려나게 된다면 굴러온 돌에 대한 억울함과 분노로 밤잠을 설칠 것이기 때문이다.

그렇다면 과연 굴러온 돌은 나쁘기만 한 것일까? 그리고 모든 굴러온 돌이 박힌 돌을 빼낼 수 있을까?

그런데 역으로 생각하면 이미 형성된 공동체나 조직에 새롭게 유입된 사람은 기존의 질서에 적응하기 위해 더 뛰어난 능력과 친화력을 발휘해야 한다. 또한 조직을 이끌어가야 하는 사람이라면 더 강한 에너지와 리더쉽을 가지고 있어야 한다.

속담 속에 담긴 정서는 굴러온 돌에 대한 원망과 미움이 더

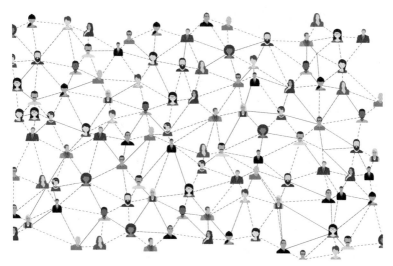

사람과 사람의 관계 속에서 세상은 움직인다.

묻어나고 있다. 하지만 현대는 굴러온 돌이 필요할지도 모른다.

4차 산업혁명의 시대를 맞이하면서 사회는 점차 다변화되어 가고 있다. 초연결, 빅데이터의 시대에 사는 우리는 낡은 생각과 습관을 빠르게 벗고 변화하는 세상에 적응해야 한다. 그러려면 굴러온 돌의 강한 힘으로 안주하고 있는 흙더미를 박차고 나와야 한다. 어쩌면 속담 속에 담긴 진정한 뜻은 이런 의미가 아니었을까. 왜냐하면 굴러온 돌과 박힌 돌 사이에 작용하는 과학적 원리는 오히려 박힌 돌의 물리적 변화의 요인이 굴러온 돌에 의해 결정된다는 것을 알려주고 있기 때문이다.

4차산업혁명시대를 의미하는 다양한 아이콘들.

물리적으로 굴러온 돌이 박힌 돌을 빼내려면 정지해 있는 박힌 돌보다 조금이라도 더 큰 힘이 작용해야 한다. 이것이 가능하게 하려면 굴러온 돌에 가해지는 힘은 박힌 돌의 관성을 변화시킬 수 있을 만큼 강해야 한다. 여기에는 운동량 보존의 법칙이 작용하고 있다.

운동량은 질량과 속도의 곱으로 나타내며 운동 방향까지 포함한 개념이다. 굴러온 돌의 운동량은 굴러가는 방향과 똑같다. 굴러온 돌의 질량이 클수록 속도가 빠를수록 운동량은 증가한다. 운동량은 자연의 법칙 중 하나로 항상 보존되며 힘의 세기와 관련이 있다. 힘의 세기가 크다는 것은 운동량이 크다는 것과 같다.

가벼운 예를 살펴보자. 5m/s(초당 5m)로 굴러온 돌인 당구가 0m/s(정지)인 박힌 돌인 당구와 충돌했다. 이때 굴러온 돌의 운동량이 박힌 돌에 고스란히 전달된다. 굴러온 돌은 충돌과 동시에 박힌 돌에 운동량을 전해주고 속도가 0이 된다. 하지만 박힌 돌은 굴러온 돌에 의해 전달된 운동량으로 속도가 변한다. 딱 굴러온 돌이 가진 5m/s(초당 5m)의 속도로 굴러온 돌의 진행 방향으로 굴러가는 것이다. 이때 굴러온

당구.

돌과 박힌 돌의 속도는 충돌 전에는 5m/s(굴러온 돌)+0m/s(박힌 돌)=5m/s(총합)이고 충돌 후에는 0m/s(굴러온 돌)+5m/s(박힌 돌)=5m/s(총합)로 똑같으며 굴러온 돌의 진행 방향과 같은 방향으로 굴러온 돌이 움직인 거리만큼 박힌 돌이 이동하게 된다. 이것이 운동량 보존의 법칙이다.

운동량 보존의 법칙은 자연을 움직이고 있는 법칙 중 하나이다. 속담 또한 자연의 이치를 관찰한 끝에 나온 삶의 지혜라고 할 수 있다. 그런 면에서 볼 때 속담은 풍자와 해학이 담긴 함축적인 언어로, 과학은 추론과 실험을 통한 수학이라는 언어로 자연의 이치를 풀어내고 있다.

속담과 과학은 많이 닮았다.

뉴턴의 운동 제2법칙

뉴턴의 운동 제2법칙은 가속도의 법칙이다.

F(힘)$=m$(질량) a(가속도)의 수식으로도 유명하다.

이 수식은 힘과 질량과 가속도 간의 관계를 나타내며 가속도 a는 F(힘)에 비례하며 m(질량)에 반비례한다. 수박과 사과에 같은 힘을(F) 주면 질량이 큰 수박의 가속도는 작아진다. 반대로 질량이 작은 사과의 가속도는 커진다.

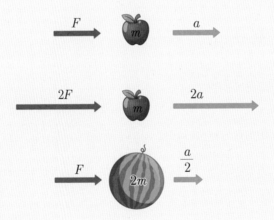

물 위에 기름

섞이지 않는 물과 기름처럼 사이가 좋지 않거나 서로 잘 어울리지 못하는 관계를 말한다.

'물 위에 기름'이라는 속담이 있다. 섞이지 않는 물과 기름처럼 사이가 좋지 않거나 서로 잘 어울리지 못하는 관계를 가리키는 말이다.

자신과 잘 맞지 않는 사람과 얼굴을 마주 보는 일처럼 고역스러운 일도 없을 것이다. 그 고역스러운 일을 물과 기름이라는 상징성이 뚜렷한 물질에 빗대어 표현한 것을 보면 물과 기름의 특성을 예리하게 파악하고 있는 데서 나온 매우 과학적인 속담이라는 것을 알 수 있다.

물과 기름은 정말 섞일 수 없을까?

물과 기름은 완전히 다
른 성분의 물질이다. 기
름은 물과 같은 액체지만
훨씬 가볍고 물과 섞이지
도 않는다. 기름은 점성
이 있어 끈적거리며 물에
비해 밀도가 작다. 기름

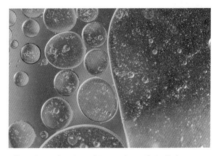
기름이 물에 뜨는 이유는 밀도 때문이다.

이 물에 뜨는 이유는 바로 밀도 때문이다.

밀도의 정확한 의미는 물질의 질량을 부피로 나눈 것을 의미
한다. 여기에서 부피는 물질의 크기를, 질량은 물질이 가지고
있는 고유의 양을, 밀도는 분자의 빽빽한 정도를 말한다.

밀도는 같은 물질이라도 물질의 상태 변화에 따라 달라진다.
물질이 고체일 때 밀도가 가장 높으며 액체, 기체 순으로 밀도
가 낮아진다. 밀도는 물질의 고유 특성으로 고체나 액체일 때는

압력이나 온도에도 크게 영향을 받지 않는다.

예를 들어보자. 축구공 크기의 스펀지와 야구공 크기의 돌이 있다. 스펀지는 돌보다 부피가 훨씬 크다. 부피가 크다는 것은 크기가 크다는 것이다. 하지만 밀도는 돌이 훨씬 높다. 돌은 스펀지보다 작지만 돌을 이루고 있는 분자들이 스펀지의 분자들보다 더 빽빽하게 들어차 있기 때문이다.

결론적으로 돌이 스펀지보다 부피는 작지만 밀도가 높으며 무겁다. 그래서 스펀지와 돌을 동시에 물에 던지면 물보다 밀도가 높은 돌은 가라앉지만 밀도가 낮은 스펀지는 뜨게 되는 것이다. 기름이 물에 뜨는 원리도 이와 같다.

한편 밀도는 질량을 부피로 나눈 값이기 때문에 물질의 질량과 부피를 변화시키면 물질에 가해지는 부력을 변화시켜 뜨거나 가라앉게 할 수도 있다. 그 대표적인 예가 잠수함이다. 잠수함은 배와 달리 물속에 가라앉고 뜨는 것이 자유자재로 가능해야 한다.

잠수함이 가라앉는 원리는 아주 간단하다. 잠수함 속에 있는

잠수함은 밀도와 부력의 원리가 적용되었다.

탱크에 바닷물을 유입시켜 잠수함의 밀도를 높여주면 된다. 밀도가 높아진 잠수함은 중력에 의해 바다 아래로 가라앉게 된다. 다시 떠오를 때는 물을 담았던 물탱크에서 물을 빼고 압축공기를 집어넣는다. 그러면 물보다 상대적으로 가벼운 공기 때문에 잠수함의 밀도가 낮아지고 물의 부력에 의해 떠오르게 되는 것이다.

우리 생활에서 이를 관찰할 수 있는 예는 얼마든지 있다. 물만두를 끓여 본 적이 있을 것이다. 만두가 다 익었는지 시각적으로 알아내는 방법은 만두가 끓는 물 위로 떠오르는 것이다. 여기에도 밀도와 부력의 원리가 숨어 있다.

만두를 물속에 넣으면 가라
앉는다. 이유는 속이 꽉 찬 만
두의 밀도가 물보다 높기 때
문이다. 하지만 물이 끓어오
르기 시작하면 만두가 하나씩
떠오르기 시작한다. 이유는
끓는 물에서 발생한 수증기

물이 끓으면 만두도 익으면서 떠오른다.

로 만두 속이 팽창하면서 만두의 부피가 늘어났기 때문이다. 부
피가 늘어나면 밀도가 줄기 때문에 만두가 모두 익으면 둥둥 떠
있는 것을 볼 수 있다.

　'물 위에 기름'이라는 이 짧고 간단한 말 한 마디 안에 이렇게
깊은 과학의 원리가 숨어 있다는 것이 참 재미있다.

물의 밀도

일반적으로 물질의 밀도는 고체, 액체, 기체 순으로 높다, 하지만 유일하게 물의 밀도만은 다르다. 고체 상태의 얼음이 액체 상태의 물보다 밀도가 더 낮다.

얼음물을 관찰하다 보면 얼음이 가라앉지 않고 물 위에 떠 있는 것을 볼 수 있다.

물이 다른 물질과 다르게 액체 상태일 때 밀도가 높은 이유는 물 분자의 독특한 결합 방식 때문이다. 물이 얼음이 될 때 물 분자는 수소결합이라는 방식으로 결합한다. 수소결합은 2개의 원자 사이에 수소가 결합되는 방식이다.

일반적인 물질의 상태 변화에서 액체가 고체가 될 때는 부피가 줄어들고 분자들이 밀집하여 밀도가 올라간다.

그러나 물은 수소결합을 통해 퍼져 있던 물 분자가 육각형 구조를 이루면서 결합한다. 이때 오히려 육각형 구조에 의해 공간이 생기며 부피가 늘어난다.

부피가 늘어나면 밀도는 낮아진다. 그래서 얼음이 물보다 밀도가 낮은 것이다.

13

달도 차면 기운다

영원한 것은 없으니 자만하면 안 된다.

예로부터 하늘에 떠 있는 태양은 동서를 막론하고 신성시됐다. 하지만 달에 대한 생각은 달랐다.

늦대인간이나 악령을 불러내는 불길한 징조로 여겼던 서양과는 다르게 동양인들에게 달은 친구이자 연인이자 어머니와 같은 친숙한 정서로 받아들여졌다.

두려운 존재이든 친숙한 존재이든 인간에게 달은 의미있는 존재인 것만은 사실이다. 강렬한 빛으로 모든 것을 압도하는 태양과는 달리 차분하고 은은한 빛으로 어둠을 밝히는 달의 모습은 수많은 시대

의 시인과 예술가들에게 영감을 주었을 것이다.

'달도 차면 기운다'라는 속담이 있다. 이 속담은 우리에게 '영원한 것은 없으니 자만하지 말아야 한다'라는 교훈을 주고 있다.

신성한 달마저도 보름달이 된 후에는 반드시 그믐달이 되어 어둠 속으로 사라지게 되는 이치! 이것을 목격한 현자들은 모든 사물의 흥망성쇠가 자연의 순환임을 깨달았을 것이다. 그리고 오랜 관찰과 깨달음을 통해 겸손함을 배웠을 것이다.

거친 훈계도 날 선 질책도 아닌 멋스럽고 아름다운 충고를 후대에게 전하는 이 속담이 참 정겹다. 마치 시인의 짧고 유려한 문장처럼 말이다. 그리고 이 아름다운 충고 뒤는 오랜 세월 꼼꼼히 달을 지켜봐왔던 선조들의 천문학적 탐구심이 담긴 관찰일지가 숨겨져 있다.

달은 유일한 지구의 자연 위성이다. 달의 자전주기와 공전주기는 똑같다. 그래서 1959년 구소련의 루나 3호가 달의 뒷면을 전송하기 전까지 지구인들은 달의 앞면만 볼 수 있었다.

1959년 소비에트 연방 40개의 코픽스 스탬프. 달의 보이지 않는 면의 사진.

달이 지구를 공전하며 한 바퀴 도는 주기는 약 27일 정도이다. 달이 차서 기우는 현상을 볼 수 있는 이유는 달이 지구를 공전하며 태양 빛을 받기 때문이다. 달의 공전 위치에 따라 그믐달, 초승달, 상현달, 보름달, 하현달 순으로 모양의 변화가 생긴다.

스스로 빛을 낼 수 없는 달은 태양 빛을 반사시켜 빛을 내기

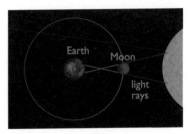

월식.   일식.

때문에 지구에서 바라보는 달의 위치가 어디냐에 따라 빛을 내
는 부위의 모양이 달라지는 것이다. 지구와 달과 태양이 만들어
내는 합작품인 것이다. 이러한 달의 공전은 월식과 일식이라는
우주쇼를 연출하기도 한다.

일식은 달이 태양을 가리는 현상으로 우주가 만들어낸 정교
한 우연에서 발생한다. 태양은 정확하게 지구에서 달까지의 거
리에 400배 뒤에 있고 달보다 400배 크다. 그래서 달이 태양을
가리는 장관이 연출될 수 있는 것이다.

월식은 달이 지구 그림자에 들
어가 보이지 않게 되는 현상으로
보름달일 때만 볼 수 있다.

우리는 지금도 둥근 달을 보며
소원을 빈다. 완전하게 찬 둥근
달이 왠지 우리의 바람을 전부 귀

담아들어 줄 것 같기 때문이다.

 달은 우리 삶 속에 들어와 우리와 함께 울고 웃었던 정서적 동반자이며 영원한 지구의 친구다.

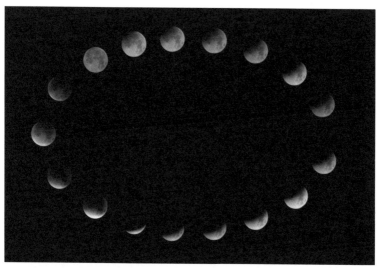

달의 순환 과정.

과학 파고! 파고!

달의 위상

달은 약 한 달을 주기로 모양이 바뀐다. 실제 달의 공전주기는 정확하게 27.3일이다. 하지만 달의 모양이 변하여 다시 제자리로 올 때까지는 29.5일로 좀 더 길어지게 된다. 이유는 지구가 태양을 공전하고 있어 지구의 위치가 이동하기 때문이다.

달은 공전주기의 위치에 따라 이름을 가지고 있다. 북반구의 매달 음력 1일은 삭(신월)이라 하며 달이 보이지 않는다.

매달 음력 3일 무렵에는 초승달이 뜨는데 오른쪽이 손톱처럼 얇게 부푼 모습이다. 그래서 여자들의 얇고 긴 눈썹을 초승달에 비유하기도 한다.

음력 7~8일 무렵에는 상현달이 뜬다. 상현달은 오른쪽이 볼록한 반달이다.

음력 15일에는 아주 둥글고 밝은 보름달이 뜬다. 해가 질 무렵 동쪽 수평선에서 올라와 밤하늘 높이 오른 보름달은 온 밤을 환하게 비춰주는 자연 서치라이트였다.

음력 22~23일 무렵에는 하현달이 동쪽에서 떠서 남쪽으로 진다. 하현달은 상현달과 반대로 왼쪽이 볼록한 반달이다.

음력 27일 무렵에는 왼쪽이 볼록한 손톱 모양의 그믐달이 뜬다.

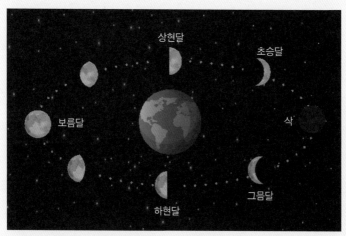

지구에서 바라본 달의 순환 과정.

14

찬물만 마셔도 체한다

일을 진행할 때는 너무 급하게 서두르면 안
된다.

이 속담에는 다양한 분야의 지식과 지혜가 담겨 있다. 농경사회였던 우리나라에 날씨와 관련된 속담이 유독 많은 이유는 농사의 흥망이 날씨로 인해 결정되었기 때문이다. 또한 음식과 건강에 대한 속담도 적지 않다. 사람이 살아가는 데 있어 의식주와 생로병사는 가장 중요한 것이기 때문이다.

건강에 관한 속담 중에 '찬물만 마셔도 체한다'라는 속담이 있다. 일을 진행하는 데 있어 너무 서두르면 안 된다는 의미를 지닌 이 속담은 그 속뜻만큼 실제로 찬물을 서둘러 마시면 탈이 난다는 의미도 담고 있다.

정말로 찬물만 마셔도 체할까?

이 속담은 과학적으로 매우 근거가 있는 이야기다. 소화기관에 대한 해박한 지식이 없어도 차가운 음식이 위에 좋지 않다는 것은 오랜 경험을 통해 어렴풋이 느끼고 있을 것이다.

목이 마르다고 해서 찬물을 순식간에 들이키면 위장은 당황한다. 위장 안으로 순식간에 찬물이 쏟아져 들어오면 음식물 소화를 위해 바삐 움직이며 에너지를 끌어올리고 있던 위장의 운동력이 순간 떨어지게 되기 때문이다. 위장은 급격히 에너지가 감소하면서 운동의 동력을 잃어버리게 된다. 소화작용이 원활해지지 않는 것이다.

찬물에 체하는 이유는 또 있다. 찬물이 몸으로 흡수되는 순간 체온이 내려가기 시작한다.

사람의 체온은 36.5도로 일정하게 유지되어야 한다. 항온동물인 사람의 몸은 항상 이 체온을 유지하기 위해 고군분투하고 있다. 몸은 내려간 체온을 다시 끌어올리려 세포들을 깨우기 시작한다. 그럴 때 우리 몸은 소화를 위해 사용하는 에너지를 최소화하게 된다. 모든 에너지를 체온을 끌어올리는 데 집중시킨다. 위장으로 가야 할 에너지가 열을 끌어 올리는 데로 옮겨가는 것이다. 그런 이유로 소화 기능이 현저히 저하되는 것이다. 이것은 식후 졸음이 밀려오는 원리와 비슷하다.

식곤증은 식후 세로토닌의 분비로 인해 몸이 이완되면서 오는 것도 이유 중 하나이다. 하지만 대부분 위장으로 몰린 음식물들

의 소화를 위해 집중되는 혈류 때문에 발생한다. 식후 위장 운동이 시작되면 많은 에너지가 필요하다. 이 에너지를 발생시키기 위해서 뇌로 가야 할 혈류까지도 위장으로 몰리게 된다. 이때 나타나는 현상이 식곤증이다. 뇌로 가는 혈류가 적어지니 산소결핍이 발생하고 이로 인해 졸음이 밀려오는 것이다.

우리의 몸은 항상 밸런스를 유지하고자 한다. 밸런스는 혈액의 원활한 순환이다. 우리말은 원활하지 못한 혈액의 흐름으로 생기는 병증을 잘 담아내고 있다. '기가 막힌다', '기가 차다', '간담이 서늘하다' 등의 문장을 보더라도 건강의 기본 원리가 어디서 오는지 잘 말해주고 있다. 그래서 우리는 원활한 혈액순환을 위해 운동을 하고 좋은 호르몬을 분비시키기 위해 몸에 이로운 음식을 먹는 것이다.

'찬물도 체한다'는 이 짧은 속담한 마디 안에는 인체의 순환원리를 잘 이해하고 몸이 원하는 소리를 귀 기울여 듣고자 했던 선조들의 건강에 대한 지혜와 바람이 잘담겨 있다.

아밀레이스와 말테이스

소화는 음식물을 잘게 부수어 세포 속으로 흡수시킬 수 있는 상태로 만드는 과정이다.

소화가 최초로 시작되는 입에는 아밀레이스라는 소화효소가 있다. 입 안으로 들어간 음식물들은 치아와 혀에 의해서 잘게 부수어지고 섞인 후 침샘에서 분비되는 소화효소인 아밀레이스(아밀라아제)에 의해 녹말이 엿당으로 분해된다. 이것은 알갱이가 큰 녹말을 더 작은 엿당으로 분해하여 세포 속으로 흡수시키기 위한 첫 번째 단계이다.

입에서 분해된 엿당은 다시 한 번 장에서 말테이스(말타아제)에 의해 포도당으로 분해되어 세포에 흡수될 수 있는 형태로 변한다.

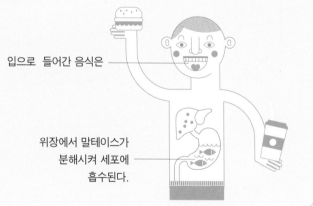

입으로 들어간 음식은

위장에서 말테이스가
분해시켜 세포에
흡수된다.

15

제 똥 구린 줄 모른다

자신의 허물과 잘못은 알지 못하면서 남의 잘
못이나 실수를 비판한다.

'제 똥 구린 줄 모른다'라는 속담이 있다. 자신의 허물과 잘못은 알지 못하면서 남의 잘못이나 실수를 비판하는 사람에 대한 비아냥이다.

사람은 왜 타인의 실수에 더 민감한 것일까? 인간 본성이 타인의 실수에 더 민감하게 반응하도록 진화해온 것일까? 아니면 자신의 실수를 알아채는 감각이 발달하지 못한 것일까?

뚜렷하게 무엇이 맞는 이론이다라는 근거는 없다. 하지만 제 똥 구린 줄 모르는 일은 과학적으로 아주 근거가 있는 말이다.

'남을 비판하기 전에 자신의 잘못을 먼저 돌아보라'는 깊은 뜻을 똥에 빗대어 말한 것은 매우 익살스럽고 해학이 넘치는 표현이다. 그리고 똥을 주제로 한 이야기는 사람들에게 바로 각인되는 재미가 있다.

농경사회였던 우리나라 사람들에게 똥은 싫어할 수 없는, 너무나 소중하고 친숙한 소재였다. 친숙하고 재미있는 소재를 통

해 전달하고자 하는 뜻을 확실히 각인시키며 깊은 교훈과 과학
의 원리를 알려 주는 재치가 이 속담이 주는 가장 큰 매력이다.

코는 얼마나 많은 냄새를 맡을 수 있을까? 알려지기로는 약 1만여 개의 냄새를 맡을 수 있다고 한다. 특히 이렇게 엄청난 종류의 냄새를 감지하기 위해서는 매우 복잡하고 정교한 시스템이 우리 코 안에 장착되어 있어야 한다.

냄새는 기체 상태로 전달되며 다양한 화학적 물질로 구성되어 있다. 기체상태의 냄새는 코안에 비강이라는 텅 빈 곳으로 들어간다. 이 공간의 상부에는 냄새를 인지하는 후각 수용기가 존재한다. 후각 수용기는 냄새를 인지하여 후신경에 전달하는 세포로 후각섬모와 후세포 등이 포함된다.

후각섬모는 점액질로 되어 있으며 후세포 끝에 달려 있다. 냄새 분자가 비강을 통해 들어와 후각섬모에 닿으면 후세포가 냄새를 인지할 수 있게 되는 것이다.

후각섬모는 수백 만 개의 냄새 분자에 반응할 수 있도록 설계되어 있다. 350개의 후각섬모는 냄새의 종류에 따라 반응이 달

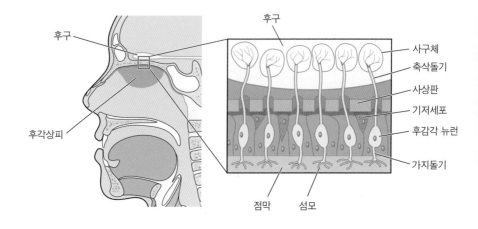

후구

후구

사구체
축삭돌기
사상판
기저세포
후감각 뉴런
가지돌기

후각상피

점막   섬모

라진다. 그것은 마치 350개의 후각섬모를 조합하여 만든 신호
와 같다.

예를 들어 박하 향은 1, 3, 8번, 바닐라 향은 4, 10, 25번 후각
섬모의 반응이 조합되는 형태인 것이다.

이러한 과정으로 냄새를 인지한 후세포는 냄새 정보를 뇌가
이해할 수 있는 전기적 신호로 바꾸어 후신경에 전달한다. 후신
경을 통해 신호를 받아들인 대뇌는 비로소 다채로운 냄새를 구
분할 수 있게 된다.

그런데 후세포는 다른 감각기관에 비해서 유독 더 민감해 같
은 냄새 분자에 1분 이상 자극을 받으면 더는 반응하지 않는다.
우리가 새로 산 향수의 포장을 뜯는 순간 화하게 퍼지는 향에

기분이 좋아지지만 시간이 흐를수록 처음만큼 강한 향기를 느낄 수 없는 이유는 바로 이 때문이다.

후세포의 감각 섬모는 약한 자극에도 빠르게 반응하지만 한 가지 냄새에 적응하는 시간도 매우 빠른 것이다. 그래서 사람들은 자신의 체취를 잘 느낄 수 없다. 후각섬모가 자신의 체취에 장시간 노출되어 이미 적응했기 때문이다. 첫 대면인 사람의 체취를 강하게 느끼는 것도 이와 같은 이유이다. 이미 적응해 버린 자신의 후세포와는 달리 상대방의 후세포는 처음으로 느끼는 자극에 대해 민감하게 반응하는 것이다.

이런 이유로 구취와 땀, 배설물 등 자신의 신체로부터 발생하는 냄새는 본인보다 다른 사람들이 더 빨리 인지하게 되는 것이다.

그런 점에서 속담대로 일정 시간 화장실에서 볼일을 보고 있었던 사람은 자신도 모르게 배설물 냄새에 적응하게 된다. 실제로 제 똥 구린 줄 모르는 상황이 벌어지는 것이다.

프루스트 현상

프루스트 현상은 소설 《잃어버린 시간을 찾아서》에서 주인공이 홍차에 적셔 먹은 마들렌 과자의 냄새를 맡고 무의식 속의 어린 시절을 회상하는 장면에서 유래한 단어이다. 냄새를 통해 과거의 기억을 떠올리는 현상을 말하는 것으로 이 소설의 작가인 마르셀 프루스트의 이름을 따서 지었다.

우리의 감각기관인 시각, 촉각, 미각, 청각 등은 각각의 감각 수용기를 통해 뇌로 전달된다. 이 감각들은 간뇌의 시상에 저장된 후 대뇌피질로 보내져 정보처리 과정을 거친다.

간뇌에 자리 잡은 시상은 감각들이 모이는 일종의 중계소 같은 역할을 한다. 하지만 독특하게도 후각만은 시상을 거치지 않는다.

후각은 감정과 무의식을 담당하는 편도체에 바로 전달된다. 편도체는 무의식과 오래된 기억, 공포 등을 담당하는 기관이다. 이러한 독특한 정보처리 과정 때문에 소설 속 주인공은 마들렌 향기를 맡는 순간 잊혔던 오랜 기억을 다시 깨울 수 있게 된 것이다.

시각, 청각, 촉각 등의 감각은 오랜 시간이 지나면 쉽게 사라지거나 변형된다. 그러나 냄새에 대한 기억만은 오랜 기억을 소환하는 방아쇠가 될 수 있다.

후각은 시상을 거치지 않고 바로 편도체에 전달되어 기억을 되살려 준다.

낙숫물이 댓돌 뚫는다

아주 미약한 노력이라도 꾸준히 하다 보면 성
공할 수 있다.

가끔 TV를 통해 60년 외길인생, ○○에 평생을 바친 장인의 손길이라는 수식어가 붙은 프로그램을 접할 수가 있다. 어떤 내용인지 들여다보면 한 분야에 평생을 종사하면서 최고의 기술을 가지게 된 명장들의 이야기가 대부분이다.

한 분야에서 실력을 쌓은 사람들에게 존경을 담아 장인이라고 부른다.

우리는 한 분야에서 꾸준한 노력으로 실력을 쌓은 사람들에게 존경과 찬사를 보낸다. 그만큼 한 가지 일을 꾸준히 오래 하는 것은 쉽지 않다. 인내력뿐만 아니라 흔들리지 않는 성실함도 갖춰야 하기 때문이다.

우리 속담에 '낙숫물이 댓돌 뚫는다'라는 말이 있다. 아주 미약한 노력이나마 한결같이 꾸준히 하다 보면 성공할 수 있다는 뜻이다.

타고난 능력으로 하는 일마다 쉽게 이루는 사람들도 있겠지만 평범한 능력으로 살아가는 다수의 사람은 꾸준한 노력과 성실함이 더 큰 힘으로 작용하는 경우가 많다. 모든 것이 눈 깜짝할 사이에 이루어지는 마법 같은 4차 산업과 스마트한 세상이 도래하고 있는 요즈음에도 변하지 않는 성공의 비결은 꾸준한 노력이다. 심지어 좋아하는 취미생활이나 다이어트조차도 일정한 성과를 내려면 매일 규칙적으로 꾸준히 실행해야 한다.

미약한 힘을 가진 물방울 하나가 꾸준한 낙하운동으로 댓돌을 뚫어내는 놀라운 자연의 힘을 관찰하면서 선조들은 큰 깨달음을 얻었을 것이다. 그 깨달음 속에는 삶의 지혜뿐만이 아니라 에너지에 관한 과학적 원리도 담겨 있다.

똑똑 떨어지는 빗방울도 오랜 시간 계속 된다면 돌을 뚫을 수 있다.

낙하운동은 지구상에 있는 모든 물체에 가해지는 가장 기본적인 힘인 중력에 의해서 발생한다. 중력으로 인해 우리는 저 우주 밖으로 날아가지 않고 지구에 안착해 살 수 있는 것이다.

중력은 지구상 모든 지역에서 똑같이 작용하지 않는다. 적도

지구의 모든 것이 중력의 영향을 받는다.

로 갈수록 중력은 작아지며 극지방으로 갈수록 커진다. 이유는 중력을 구성하는 만유인력과 원심력의 합이 극지방과 적도에서 각각 다르기 때문이다. 또한 중력은 물질의 질량이 클수록 지표면과 가까울수록 커진다.

그런데 '질량이 클수록 중력이 커진다'라는 공식이 질량이 클수록 지구가 잡아당기는 속도가 빨라지는 것으로 오해해서는 안 된다. 얼핏 무거운 물체가 더 빨리 낙하한다고 착각하기 쉽다.

고대 철학자 아리스토텔레스 또한 질량이 큰 물체가 질량이 작은 물체보다 더 빨리 낙하한다고 생각했다. 하지만 실제로 낙하속도와 질량은 관계가 없다.

중력의 힘으로만 물체가 지표면으로 낙하하는 것을 자유낙하라고 하며 이때 중력이 잡아당기는 속도를 중력가속도라고 한다. 지구의 중력가속도는 일반적으로 $g=9.8\text{m/s}^2$이다.

깃털과 돌공의 낙하속도는 같을까? 다를까?

이제 낙숫물이 어떻게 댓돌을 뚫을 수 있는지에 대해 알아보자.

3m 높이의 처마 끝에 달린 1g의 물방울이 댓돌 위로 낙하한다. 이때 물방울은 다른 힘에 방해받지 않고 오로지 중력의 힘으로만 자유낙하 중이다. 처마 밑에 매달린 물방울의 속력은 0이며 위치에너지는 3m(높이)×9.8(중력가속도)×0.001kg(질량)=0.0294J(줄)이 된다. 위치에너지는 질량과 높이에 비례한다. 그래서 물방울이 낙하하기 시작하면 물방울의 위치에너지는 점점 줄어들기 시작한다.

물방울이 댓돌과 가까워질수록 속력은 증가하고 증가한 속력에 의해 운동에너지는 강해진다. 댓돌에 닿기 직전 0.0294J(줄)이었던 물방울의 위치에너지는 0이 되면서 전부 운동에너지로 전환된다. 이렇게 전환된 운동에너지의 힘이 댓돌에 고스란히 전달된다.

이 미세한 힘은 과연 댓돌을 뚫을 수 있을까?

믿어지지 않겠지만 시간이라는 무형의 변수가 물방울의 운동에너지에 더 큰 에너지를

처마 끝 댓돌.

부여한다. 그렇게 하루, 한 달, 1년, 10년이 지나다 보면 누적된 물방울의 힘으로 구멍이 뚫린 댓돌을 발견하게 될 것이다. 이것이 꾸준한 노력의 결실이다.

항상 시간이 부족하다는 현대인들에게 낙숫물이 만들어낸 기적은 다시 한번 삶의 기본을 생각하게 만든다.

에너지 보존의 법칙

열역학 제1의 법칙이라고도 하는 에너지 보존의 법칙은 에너지는 형태만 변할 뿐 그 총량은 항상 일정하게 보존된다는 법칙이다.

에너지의 종류는 다양하다. 모든 에너지의 근원이라 할 수 있는 태양에너지를 시작으로 위치에너지, 열에너지, 운동에너지, 화학에너지, 전기에너지 등 수많은 형태의 에너지가 존재하고 있다.

에너지는 지구상에 모든 물리적인 일을 가능하게 하는 힘이다. 모든 만물에는 에너지가 있고 그 에너지는 순환하며 형태를 바꾸고 있을 뿐이다.

에너지의 형태는 다양하며 지구는 에너지의 순환구조 안에서 움직이고 있다.

17

대한이 소한 집에 놀러 가서
얼어 죽는다

우리나라는 대한(큰 추위)보다 소한(작은 추위) 무렵이 가장 추워 월동 대비를 더 단단히 해야 한다.

　대한이가 누굴까? 대한이가 누구인데 소한이네 집에 놀러 가서 얼어 죽었다는 것일까? 너무나 가슴 아픈 사연임에도 이 속담을 제대로 이해하고 있는 사람이라면 피식하고 웃음이 나올 것이다. 여기에 담긴 표현도 아주 재미있다. 그것은 마치 맛깔스러운 양념으로 잘 버무린 나물 반찬처럼 익살과 재치가 돋보인다.

　누군가가 죽었다는 데 왜 웃는 것일까?

　이 속담에는 선조들의 오랜 경험이 전하는 적중률 높은 기후정보가 담겨 있다. 또한 매우 정교하고 해박한 동양의 천문학적 지식도 들어 있다.

대한^{大寒}은 가장 큰 추위라는 뜻으로 24절기 중 마지막에 해당한다. 음력 1월 20일경이며 입춘이 시작되기 약 15일 전이다,

대부분의 사람들은 24절기의 기준이 음력이라고 생각한다. 하지만 24절기는 지구의 주위를 도는 태양의 이동 경로를 기준으로 만든 양력이다. 실제로는 지구가 태양의 주위를 23.5도 기울어져 공전한다. 지구에 계절이 생기는 이유도 지구가 기울어진 상태로 태양을 공전하기 때문이다. 이렇게 지구를 중심으로 태양이 도는 궤도를 천구 상에 나타낸 길을 황도라고 한다.

황도는 지구의 공전궤도와 같다. 황도와 천구의 적도(지구의 적도를 천구에 연장한 선)가 만나는 점이 춘분과 추분이다. 춘분과 추분은 일 년 중 밤낮의 길이가 똑같은 절기다.

춘분과 추분을 기점으로 태양의 고도가 달라지며 일조량의 변화가 시작된다. 춘분을 0도로 하여 동쪽으로 15도씩 황도를 따라 이동하는 태양의 위치에 이름 붙인 것이 24절기이다. 추분은 춘분의 황도 180도 선에 위치하며 낮이 가장 긴 하지는 춘분의 90도 선에, 밤이 가장 긴 동지는 춘분의 270도 선에 위치한다.

이렇게 태양이 황도를 따라 360도를 돌면 사계절이 완성되는 것이다.

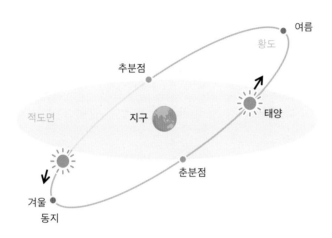

그런데 이름이 무색할 정도로 대한이 시작되는 시기는 생각보다 춥지 않다. 대한은 춘분을 기점으로 300도 선에 위치하며 가장 매서운 추위를 자랑한다. 하지만 우리나라에서 느끼는 추위는 대한보다 소한^{小寒}이 더 춥다.

우리나라의 기후 특성상, 일 년 중 가장 큰 추위가 닥치는 시기는 1월 초순이다. 북쪽에 추운 시베리아 기단의 영향 때문이다. 이때 우리나라는 절기상으로 소한에 해당한다.

왜 이런 일이 발생한 것일까? 변변한 망원경조차 없던 시절에 황도를 알아내고 정교한 계산으로 절기를 만들어낸 사람들이 이런 오류를 범하다니 이해하기 어렵다. 하지만 그 이유는 24절기가 만들어진 기원에서 찾을 수 있다.

중국 주나라 황하강 유역의 화북지방에 살던 사람들은 24절기를 만들었다.

따라서 24절기는 화북의 자연환경을 바탕으로 태양의 움직임을 관찰하여 만든 계절 구분법이다. 농경 생활을 했던 사람들에게 계절의 변화를 감지하는 것은 가장 중요한 일이 되었을 것이다. 입춘으로 시작하는 절기는 우수, 경칩, 춘분을 거쳐 동지, 소한, 대한으로 끝난다. 24절기의 명칭 안에는 화북 날씨와 동, 식물들의 생활상이 담겨 있다고 한다.

그런데 화북지방과 우리나라는 경도와 위도가 다르고 환경이 달라 비슷한 듯하면서도 다른 기후가 발생한다.

매일 아침, 최첨단 기상예보가 실시간으로 전송되는 지금도 계절의 변화가 궁금해지면 슬그머니 달력을 들추게 된다. 입추라는 두 글자를 발견하고 여전히 35도를 자랑하는 높은 온도의 날씨 속에서도 머지않아 시원한 바람이 불겠구나 하는 안도감을 느끼게 된다.

그리고 어느 순간 대한이 와 있을 것이다. 이제 우리는 대한이 가장 추울 거라는 상식 대신 실제는 소한이 대한보다 더 추워! 라며 틀에 짜인 이론이 아니라 현실을 볼 수도 있다.

이 속담은 현실을 제대로 보지 못하고 오류에 빠진 우리에게 실수하지 말라는 숨은 뜻을 전하기도 한다.

황도12궁

황도를 따라 위치한 12개의 별자리를 말한다. 기원전부터 점성술에 이용되기도 했다. 춘분점이 위치한 곳의 물고기자리를 기점으로 30도 간격으로 양자리, 황소자리, 쌍둥이자리, 게자리, 사자자리, 처녀자리, 천칭자리, 전갈자리, 사수자리, 염소자리, 물병자리가 위치하고 있다.

점성술에 이용된 황도12궁

18

맑은 물에 고기 안 논다

사람이 너무 청렴하고 원칙적이면 주변 사람
들이 부담스러워 가까이하지 않는다.

'맑은 물에 고기 안 논다'라
는 속담은 사람이 너무 청렴
하고 원칙적이면 주변 사람들
이 부담스러워 가까이하지 않
는다라는 의미를 담고 있다.
돌려 말하자면 '옳지 않은 일

이라도 적당히 타협하고 눈감아 주며 융통성 있게 살아야 한다'
라는 말로 들리기도 한다.

한편으로는 맞고 한편으로는 틀린 말이다.

융통성은 삶을 살아가는 지혜가 될 수 있다. 하지만 적당히 타
협하고 옳지 않은 일을 눈감아 주라는 말은 일종의 회유책처럼
들린다. 이러한 작은 타협들이 모여 회사나 단체, 나라를 부패
하게 만들기 때문이다.

속담 속에 숨은 뜻은 읽는 사람에 따라 해석이 달라지겠지만

'맑은 물에 고기 안 논다'라는 속담은 시대상을 반영했을 때 인식의 차이가 느껴지는 것을 알 수 있다.

부패는 장소와 시대를 막론하고 존재했지만 선진국이 되고 행복한 사회가 되려면 부패를 막고 부당한 일과 타협하지 않는 자세가 필요하다.

독일, 핀란드, 싱가포르 등과 같이 사회가 안정되고 부강한 나라일수록 관리들의 부패가 적고 원칙이 살아 있는 것을 볼 수 있다.

속담은 공동체의 환경과 사회상을 반영한다. 그리고 오랜 시간 축적된 수많은 사람의 동의 가능한 공통의 경험이다.

이제 정의로운 삶에 대한 시각을 바꿀 수 있는 사회를 만들어 '맑은 물에는 아름다운 고기가 논다'라는 말을 후손에게 전해줘야 하지 않을까?

싱가포르 마리나베이.

'맑은 물에는 고기가 안 논다'라는 속담은 과학적으로 완전히 맞는 말은 아니다.

수질을 측정하는 기준 항목은 다양하다. 그중에서도 물의 오염 정도를 알려주는

맑은 물에도 물고기는 산다.

BOD(생화학적 산소요구량)는 호기성 미생물(자라는데 산소나 공기가 필요한 미생물)이 물속의 유기물을 분해할 때 사용하는 산소량을 말한다. 단위는 mg/ l 또는 ppm을 사용하며 수질 규제 시 기준으로 삼는 대표적인 항목 중 하나이다.

또 다른 측정 항목 중 하나는 용존산소량(DO)이다. 용존산소량(DO)은 물속에 녹아 있는 산소의 양으로, 높을수록 좋으며 단위는 ppm이다. 이 밖에도 수소이온농도(pH), 화학적 산소요구량(COD), 부유 물질량(SS) 등 8개 항목, 카드뮴(Cd), 시안(Cn),

비소(As) 등 인간에게 해로운 17개의 물질을 기준으로 수질을 측정하여 등급을 정하고 있다.

수질은 총 5개 등급과 등급 외로 분류하는데 속담 속에서 말하는 맑은 물은 1등급 수질인 1급수를 말한다. 1급수는 BOD(생화학적 산소요구량) 1ppm 이하이고 용존산소량(DO)은 7ppm 이상의 기준을 만족해야 한다. BOD(생화학적 산소요구량)는 낮을수록, 용존산소량(DO)은 높을수록 맑은 물이다.

1급수는 바닥이 들여다 보일 정도로 투명하고 냄새도 없다.

그렇다면 그냥 마셔도 될 만큼 깨끗한 1등급 수질에는 정말로 물고기가 살지 않을까?

정답은 '아니다'이다. 1등급 수질에 사는 대표적인 물고기로는 산천어, 열목어, 금강모치, 버들치, 가재, 둑중개 등이 있다. 전통적으로 우리나라에 서식하는 민물고기이다. 이외에도 플라나리아, 도롱뇽, 곤충 등이 1급수 지역에 서식하고 있다.

도롱뇽.

무당벌레.

1급수가 강이 시작되는 상류에 있는 것과 달리 2, 3급수는 강의 중, 하류나 저수지, 호소(호수와 늪을 합쳐 부르는 말) 등에서 나타나며 오염 정도가 높아진다.

우리나라 사람들이 냇가나 강에서 주로 볼 수 있는 친숙한 어종인 잉어, 붕어, 메기, 쏘가리, 미꾸라지 등은 2, 3급수에 서식하는 물고기들이다.

이렇게 수질에 따라 다양한 어종들이 살고 있다는 것은 과학적으로 밝혀진 사실이다. 물론 1급수에서도 많은 어종이 살고 있다.

붕어.

잉어.

미꾸라지.

그런데 왜 맑은 물에는 고기가 안 논다고 했을까?

2가지 가설을 세워보기로 한다.

지금처럼 환경오염이 심하지 않았던 옛날에는 주로 마을에서 접근하기 쉬운 냇가나 논, 웅덩이, 저수지, 강의 중류, 하류에 사는 물고기들을 흔하게 잡아먹었다. 이곳은 맑은 상류에 비해 사람들이 많이 살아서 강이나 하천으로 유입되는 유기물의 농도가 높은 지역일 것이다. 따라서 상류보다 BOD는 높고 OD는 낮았을 것이다. 그리고 어느 정도 탁한 물에는 수초나 이끼에 의해 물고기들의 은신처가 형성된다. 유기물이 많아서 먹을 것도 풍부하고 은신처도 있으니 물고기에게는 이런 천국이 없는 것이다.

이런 환경은 자연스럽게 더 많은 물고기를 불러 모았을 것이다. 사람들은 상대적으로 탁한 물에 물고기가 많이 모여드는 것을 발견하게 되었고 손쉽게 잡아먹을 수 있었을 것이다.

3차 산업혁명을 겪으며 지구는 환경오염이 급격히 진행되게 된다.

또 하나의 가능성은 1급수의 맑은 물의 상황이다. 이곳에 사는 물고기들은 눈에 잘 보인다. 3급수의 흙탕물 속에 사는 미꾸라지에 비해 잡기가 너무 쉬웠을 것이다. 따라서 잘 잡히다 보니 개체 수가 상대적으로 줄어들었을 확률이 높다.

지금은 급격한 산업화와 공업화로 인해 공장폐수나 생활하수, 축산 오염수로 하천이 몸살을 앓고 있다. 이제 시냇가에서 물고기를 잡는다는 것은 생각할 수 없는 일이 되었다.

어릴 적 가재를 잡으며 놀았다는 전설 같은 부모님의 이야기를 들으면 인간이 잘살기 위한 대가로 내놓은 깨끗한 환경이 많이 그리워진다.

우리가 자연에서 가져다 쓴 무분별한 에너지 때문에 자연이 순환하는 데 사용되어야 할 에너지가 고갈되고 있다. 모든 것이 사라지기 전에 우리는 환경보호에 힘써야 할 것이다.

환경오염으로 북극곰도 멸종될 위기에 놓여 있다.

지표종과 지표생물

특정 지역이나 환경에서만 볼 수 있는 종을 지표종이라고 한다. 지표종은 특정한 환경 조건이 형성되어야 살 수 있으므로 지표종을 연구하면 그 지역만의 독특한 환경 조건과 오염 정도, 생태적 특성들을 한눈에 알아볼 수 있는 척도가 된다.

지표종에 속하는 생물을 지표생물이라고 한다. 가재는 1급수에서만 사는 대표적인 지표생물 중 하나다.

대표적인 지표 생물인 가재.

19

방귀 잦으면 똥 싸기 쉽다

어떤 현상이 계속되면 결국 그 현상으로 예상
가능한 결과가 발생한다

'옛말에 방귀가 잦으면 똥 싸기 쉽다'라는 속담이 있다. 어떤 현상이 계속되면 결국 그 현상으로 예상되는 결과가 발생한다는 뜻이다. 또한 어떤 일이 일어나기 전에는 항상 그것을 알려주는 징조가 있으니 미리 대비하라는 의미도 담고 있다.

똥이 주는 메시지의 강력함이 있는 것일까?

우리나라에는 '방귀 뀐 놈이 성낸다', '똥 묻은 개 재 묻은 개 나무란다', '제 똥 구린 줄 모른다' 등 배설을 소재로 한 원초적인 속담들이 제법 많다. 그중에서도 똥을 주제로 한 속담은 언제 들어도 익살스럽다.

농경사회였던 우리나라는 똥에 대한 애정이 남달랐다. 귀한 천연비료였기 때문이다. 그만큼 똥은 우리 삶에 중요한 일부분이었고 매우 친숙한 소재였다는 것을 속담은 말해주고 있다.

　방귀는 우리가 음식을 먹을 때 음식물과 함께 입을 통해 유입되었던 공기가 장 속의 물질들이 발효하면서 방출하는 가스와 합쳐져 몸 밖으로 나오는 현상을 말한다.

　건강한 방귀는 냄새가 없어야 하지만 장 속에 유해균이 많거나 육식을 주로 하는 사람들은 냄새가 심해진다.

　방귀의 성분은 질소, 이산화탄소, 메탄, 암모니아, 황화수소 등이며 방귀의 냄새는 암모니아와 황화수소가 원인이 된다.

　똥은 소화되지 않은 음식물과 장내 찌꺼기, 소화액 등이 뭉쳐 밖으로 나오는 것을 말한다. 똥의 종류는 소화나 음식물, 장내 환경에 의해 다양해진다. 일반적으로 성인은 하루에 한 번 약 200g 정도의 양을 대변으로 배출한다.

방귀는 대변을 볼 때도 나오지만 건강한 성인 남자는 하루 14회 정도의 방귀를 뀌며 많게는 25회까지도 뀐다고 한다. 대변을 볼 때 방귀를 뀌는 건 자연스러운 일이지만 그렇지 않을 때도 방귀는 배출되고 있다.

방귀가 잦다는 것은 여러 가지 원인이 있을 수 있다. 먼저 대장 기능이 좋지 않아 가스를 배출하는 경우로, 심각한 병을 유발할 수 있다. 두 번째는 장에 유해균이 많거나 소화되기 힘든 음식물을 섭취했을 경우로 장 내 음식물의 소화가 원활하지 않다는 것을 의미한다.

음식물이 장시간 장에 머물게 되면 발효시간이 길어지게 된다. 발효시간이 길어지면 방귀의 양과 횟수는 늘어날 수밖에 없다. 장에서 오랫동안 머물렀던 똥은 결국 방귀와 함께 항문을 통해 밖으로 나올 준비를 하게 된다. 방귀가 잦으면 곧이어 똥이 나올 거라는 신호가 되는 것이다.

방귀와 똥은 매우 자연스러운 신체 대사 중 하나이다. 불쾌하고 냄새가 나지만 건강한 식사를 하고 소화가 잘 된다면 방귀는 오히려 우리 장 기능이 원활하다는 신호이다.

대장

대장은 맹장과 결장, 직장으로 분류되는 인간의 소화기관 중 마지막 기관이다. 주로 수분과 담즙이 흡수된다. 흡수되지 못한 음식물은 대장을 지나면서 직장을 통해 밖으로 배출된다. 대장에는 약 700개의 균이 살고 있으며 비타민B나 K를 비롯한 소량의 비타민과 가스를 생산하다.

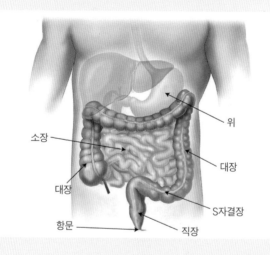

20

구더기 무서워서 장 못 담글까?

실수하는 것이 두렵다고 일을 미루거나 하지
않는 것은 어리석다.

우리나라는 전통적으로 장을 담가 먹었다. 된장, 고추장, 간장은 우리나라 대표적인 발효 식품으로 한국 음식 맛의 중요한 핵심이다. 장은 정성과 노력이 아주 많이 들어가는 식품이다. 한 집안의 며느리나 안주인에게 있어 장을 성공적으로 담그는 일은 자존심이 걸린 문제이기도 했다.

여자들에게 있어 장을 망친다는 것은 일 년 농사를 실패한 것과 같았다. 그만큼 장 담그는 일은 늘 반복되는 일임에도 매우 까다롭고 이만저만 신경 쓰이는 일이 아니었다.

간장.

고추장.

된장.

메주.

　장의 재료가 되는 메주를 만드는 일만 해도 오랜 시간과 노력
이 필요하다. 메주를 잘 띄우는 것부터 발효시키고 장을 담그는
일까지 간단해 보이지만 오랜 경험이 축적되지 않으면 완성되
기 어렵다.

　메주는 아무 때나 띄울 수 있는 게 아니다. 메주콩이 나오는
늦가을부터 시작해서 따뜻한 방에 매달려 추운 겨울을 보내고
비로소 봄이 되어서야 곰팡이 낀 메주를 내려 장을 담글 수 있
었다. 한 계절을 지나는 정성을 들인 후 봄을 맞은 메주가 여름
무렵에는 된장, 간장, 고추장이 되는 것이다.

　장장 반년이나 걸리는 대장정이었다.

메주가 시간과의 싸움이라면 된장, 간장은 부패와의 싸움
이다.

간장은 담는 날을 택일(좋은 날을 고르는 일)하고 금줄을 치며 3
일 전부터 여자들은 개도 꾸짖지 않았다고 할 만큼 정성을 다했
다. 냉장시설이 없었던 시절에 음식의 부패를 막기 위해서는 매
일 장독대를 수시로 점검해야 했다. 이렇게 정성을 들였음에도
구더기가 장에 낀다면 얼마나 실망스럽겠는가. 무엇을 잘못했
는지 처음부터 되새기며 1년 동안 식탁을 책임져야 하는 장맛
에 고민했을 것이다.

한국인에게 장을 담근다는 것은 1년 동안 먹을 모든 음식의 기본을 준비하는 것이므로
매우 중요했다.

그런데 이렇게 힘이 들고 노력이 들어간 장담그기를 왜 그만 두지 못했을까? 그것은 장이 모든 음식과 삶의 기본이었기 때문이다. 때문에 온갖 번거로움을 무릅 쓰고라도 우리 선조들은 장을 담았다.

이 속담은 실수하는 것이 두려워서 일을 미루어서는 안 된다는 뜻을 우리에게 전해주고 있다.

삶을 살아가는 데 쉬운 일만 있는 게 아니다. 그래서 '어렵고 힘든 일이 더 많지만 그렇다고 그것이 두려워 삶을 포기해서는 안 된다'는 의미도 담고 있다.

우리 선조들의 삶에 대한 강한 의지와 열정을 느낄 수 있는 속담이다.

발효는 미생물이 가지고 있는 효소를 이용해 유기물을 분해하는 과정이다. 발효과정은 무산소 호흡의 하나로, 발효에 관여하는 미생물은 산소가 없는 상태에서 먹이를 분해하여 새로운 유기물을 생성하고 소량의 에너지를 얻는다. 그때 생성된 유기물들이 우리가 섭취하는 음식물을 변화시킨다.

메주콩.

메주는 콩을 발효하여 만든 우리나라의 대표적인 식재료이다. 현대에 와서는 누룩곰팡이의 일종인 황국균을 이용하여 개량형 메주를 만들어 쓰기도 한다.

메주 이외에도 발효에 쓰이는 미생물은 많다. 효모에 의해 포도당을 분해하는 알코올 발효와 젖산균을 이용한 젖산 발효가 있다.

막걸리, 맥주는 알코올 발효로 만들어진 술이다.

치즈, 김치는 젖산 발효로 만들어졌다.

알코올 발효는 효모와 효소를 이용해 포도당을 분해하고 소량의 에너지를 얻는 과정이다. 효모를 발효시킬 때는 발효 용기의 뚜껑을 덮어두는데 이유는 효모가 무산소 호흡을 하도록 하기 위함이다. 이 과정에서 효모는 에너지와 새로운 물질을 생성하게 되는데 이것이 에탄올(알코올)이다. 알코올 발효는 막걸리나 맥주와 같은 술을 만드는 데 이용된다.

치즈나, 요구르트, 김치는 젖산 발효로 만들어진다. 우리가 과격한 운동을 통해 숨을 헐떡이게 될 때도 우리 몸 안에서 젖산 발효가 일어난다.

젖산이 분비되면 심한 피로감을 느끼게 된다. 우리 몸은 과격한 운동으로 산소 공급이 원활하지 않으면 모자란 산소를 보충하기 위해 숨을 헐떡이게 된다. 산소를 더 빨리 들여보내기 위해서다.

그런데 운동에 필요한 에너지를 만드는 데 필요한 산소가 몸으로 유입되지 않을 때는 산소 없이도 에너지를 만들어 내는 무산소 호흡이 시작되는데 이것이 젖산 발효다.

근육에 글리코겐을 먹이로 젖산균에 의해 젖산을 만들어 내는 과정에서 형성된 에너지로 우리 몸은 더 많은 힘을 낼 수 있게 된다.

사실 엄밀히 말하면 발효는 부패와 큰 차이가 없다.

하지만 발효와 부패를 가르는 가장 큰 차이점은 유익균과 유해균이다. 인간의 건강에 이로움을 주는지 아니면 병을 주는지에 대해 따라 유익균이냐 유해균이냐가 결정되는 것이다.

우리가 장을 담그는 데 온 정성을 쏟는 이유는 바로 이 유익균이 잘 살 수 있는 환경을 만들어주기 위해서였다. 그래야 부패하지 않고 발효가 잘 되며 조금만 방심해도 구더기가 들끓는 상황을 피할 수 있다. 그리고 적당한 일조량과 온도, 습도, 담은

용기의 개폐 상태가 최적의 합을 이룰 때 간장, 된장이 만들어
지는 것이다.

마치 종교행사처럼 간장을 담그던 우리 조상들이 장독대의 위
치까지 세심하게 신경 쓰면서 정성을 들였던 이유는 이 까다롭
고 섬세한 미생물의 과학적 순환원리를 잘 이해하고 있었기 때
문이다.

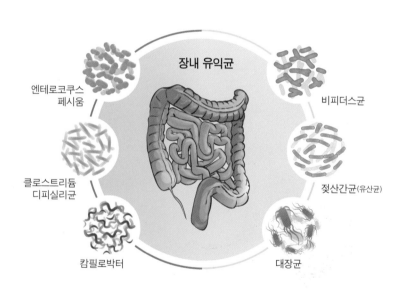

장내 유익균

엔테로코쿠스
페시움

비피더스균

클로스트리듐
디피실리균

젖산간균(유산균)

캄필로박터

대장균

아세트산 발효

아세트산 발효는 초산발효라고도 한다. 산소가 필요 없는 무기호흡인 알코올 발효나 젖산 발효와는 다르게 아세트산 발효는 호기성 미생물(공기나 산소가 있어야 살 수 있는 미생물)인 아세트산균에 의한 산화^{酸化} 발효 중 하나이다.

아세트산균은 공기 중 산소를 이용하여 에탄올(알코올)을 아세트산으로 만든다. 이 과정을 통해 만들어지는 것이 양조식초이다.

사과식초에는 사과산과 아세트산이 많이 들어 있다.

21

무릎이 쑤시면 비가 온다

기상 변화가 커지면 우리 몸의 신체 리듬이 깨지면서 통증이나 정신적으로 영향을 받게 된다.

"아이고 삭신이야. 무릎도 쑤시는 게 비가 오려나……"

날씨가 꾸물거리거나 습도가 높아지는 여름엔 항상 온몸이 쑤신다며 내 무릎이 날씨다 하시던 할머니의 모습이 떠오른다. 무릎 기상청은 기

상 레이더나 기상 상태를 예측하는 슈퍼컴퓨터가 없던 시절에 우리 몸이 말해주는 꽤 정확도 높은 기상 예보였다.

그렇다면 왜 무릎이 쑤시면 비가 오는 것일까? 그 과학적 원리를 알아보자.

지구에 사는 모든 물질은 기압의 영향을 받는다. 기압은 지구 대기에 있는 공기층이 주는 압력으로 모든 방향에서 고르게 작용한다.

기압의 단위는 대표적으로 atm(기압), hPa(헥토파스칼)로 나타내며 1기압은 약 1000km 높이의 공기기둥이 주는 압력이다.

기압은 고르게 작용하지만, 높이에 따라 달라진다. 높은 곳으로 올라갈수록 공기가 줄어들어 기압이 낮아진다. 높은 산에 올라 밥을 지을 때는 냄비 뚜껑에 돌을 올려놓아야 한다.

이유는 기압이 낮아져 증기압력과 공기의 압력이 같아지는 온도가 내려가기 때문이다. 물이 끓는 현상은 물의 증기압력과 공기의 대기압력이 같아지는 현상이라고 말할 수 있다. 대기압력이 낮아지기 때문에 증기압력과 같아지는 시간과 온도가 상대적으로 빨라지고 낮아지는 것이다.

일반적으로 물은 100℃에서 끓는 것으로 알고 있지만, 이것은

야외에서 음식을 해먹을 때는 높은 곳에서는 냄비 뚜껑에 돌을 올려놓아야
음식이 설익지 않는다.

표준대기압 상태에서이다. 표준대기압은 0℃, 1기압일 때를 말
한다. 하지만 고도가 높아질수록 공기층이 얇아져 기압이 낮아
지면 물은 100℃보다 낮은 온도에서 끓는다. 따라서 물이 너무
빨리 끓으면 다 익지 못하고 설익은 밥이 되어 버리기 때문에
냄비에 무거운 돌을 올려 냄비 속의 기압을 높여 밥을 하게 되
는 것이다. 그래야 제대로 익은 밥을 먹을 수 있다. 이는 압력밥
솥의 원리와 같다.

일례로 남한에서 가장 높은 한라산은 약 95℃에서 물이 끓는
다고 한다. 한라산의 높이는 약 1950m로 높은 고도로 인해 지
상보다 물이 더 빨리 끓는 것이다.

그렇다면 기압과 할머니 무릎과는 무슨 관련성이 있는 것일까?

사람은 표준기압 아래 지표면의 단위면적(cm^2)당 약 1kg 정도 되는 무게의 압력을 받는다. 1kg 정도의 공기 압력이 우리 몸을 머리끝부터 발끝까지 누르고 있는 것이다. 인간의 뼈가 단단히 서로를 연결할 수 있는 것은 지표면에서 지구의 적절한 대기압을 받고 있기 때문이다.

우리가 특별한 보호복 없이 우주로 나가거나 연체동물 같은 외계인이 만약 지구를 방문한다면 둘에게는 매우 심각한 신체상의 문제가 발생할 것이다. 좀 과장해서 말하면, 사람은 대기압이 없는 우주에 나가면 관절과 뼈를 비롯한 신체 장기들이 풍선처럼 부풀어 올라서 사망에 이를지 모르고 연체동물 외계인은 지구를 방문하는 순간 지구 대기압에 압사당해 죽을지도 모른다.

그런데 왜 우리는 대기압을 잘 느끼지 못하는 것일까?

달의 중력은 지구의 중력의 1/6이다.

맑고 화창한 날에는 외부의 기압과 우리 몸의 기압은 균형을 이룬다.

그런데 날씨가 습해지고 비가 오려고 할 때는 저기압이 형성되면서 상대적으로 외부의 기압이 낮아진다. 우리 몸 안의 기압과 균형이 맞지 않게 되는 것이다.

그렇게 되면 몸 내부의 높은 기압은 자연스럽게 외부의 낮은 기압 쪽으로 밀려 나가게 된다. 관절을 비롯한 혈관, 뼈 등의 신체 조직이 부풀어 오르면서 신경을 자극하게 되는 것이다.

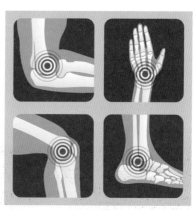

그래서 습도가 높고 저기압이 오래 머물수록 우리 몸과 외부환경의 기압 차는 심해지고 신경통도 더 강해지게 된다.

신경통이 나타나는 다양한 부위들.

증기압력

액체의 표면에서 기화(액체가 기체가 되는 현상)한 증기의 압력을 말한다. 액체 표면의 증발(액체표면의 기화현상)과 응축(기체가 액체가 되는 현상) 속도가 같아 평형을 이룰 때 발생하는 압력으로 온도와 액체의 휘발성에 따라 달라진다. 온도가 높을수록, 휘발성이 큰 물질일수록 증기압력이 높아진다.

온천이나 간헐천에 가면 기화해 증발하는 수증기의 모습을 쉽게 볼 수 있다. 또는 물을 끓여도 기화되는 모습을 관찰할 수 있다.

돌고래(고래)가 배 근처에서 놀면
폭풍이 온다

삼면이 바다인 우리나라는 어업의 비중도
컸다. 그런데 강이나 바다가 일터이므로 날
씨 변화에 민감해야 했다. 이 속담은 태풍
과 같은 생명의 안전에 민감한 날씨에 대한
것이다.

삼면이 바다인 우리나라는 농업만큼 어업도 매우 중요한 일이었다. 생선을 좋아하는 우리나라 사람들에게 바다는 맛깔나는 식재료의 보물창고 같은 곳이다.

'가을 전어는 집 나간 며느리도 돌아오게 한다', '오뉴월 낙지는 개도 안 먹는다', '5월 도미는 소 껍질 씹는 맛보다 못하다' 등 제철 물고기 맛에 관련된 속담이 적지 않은 것을 보더라도 우리나라 사람들

집 나간 며느리도 돌아오게 한다는 가을 전어 구이.

의 물고기 사랑이 어느 정도인지 가늠할 수 있다.

물고기잡이를 하는 데 있어 날씨 예측은 농사 이상으로 중요하다. 오히려 바다 날씨는 어부들의 생명과 직결되는 것으로 훨씬 더 민감하고 예민하게 살폈을 것이다. 동물의 행동 변화로

날씨를 예측했던 선조들의 예리한 관찰력은 바다에서도 여지없이 발휘되고 있다.

바다생물의 행동 변화로 날씨를 예측하는 일은 무척 과학적이고 정확한 방법이었다. 지상 동물 이상으로 민감한 감각을 가진 바다생물은 헤엄치는 기상위성이었기 때문이다.

그렇다면 돌고래는 왜 태풍이 몰아올 때면 배 근처에서 놀았을까?

그 안에는 우리가 몰랐던 과학적 이유가 숨겨져 있다.

돌고래는 몸길이 약 4.5m 이하의 이빨을 가진 중, 소형 고래를 총칭하여 부르는 말이다. 돌고래의 종류는 매우 다양하며 태평양, 대서양, 인도양 등의 넓은 바다와 양쯔 강과 아마존 강을 비롯한 강에서도 서식한다.

무리지어 생활하는 돌고래는 머리가 매우 좋으며 초음파를 통해 서로 의사소통을 한다. 보통 한 마리의 돌고래는 11~12개월에 걸친 임신 기간을 거쳐 한 번에 한 마리의 새끼를 낳아 기른다. 장난을 좋아하며 인간과 유대도 좋은 편이다.

돌고래가 전 세계 바다에서 목격되는 이유는 돌고래가 항온동물이기 때문이다. 어류와 달리 일정한 온도를 유지해야 하는 탓에 뜨거운 여름에는 시원한 수온을 찾아가고 추운 겨울에는 따뜻한 수온을 찾아 옮겨 다니는 습성이 있다.

돌고래는 바다에 살지만, 어류가 아닌 포유류이다. 물고기처럼 아가미 호흡이 아닌 폐호흡을 하므로 물속에서 숨을 쉴 수가

없다. 단지 숨을 오래 참고 있을 뿐이다.

돌고래를 포함한 고래의 잠수시간은 짧게는 3분에서 향유고래의 경우 60분까지 가능하다. 오랜 시간 잠수를 하고 나면 돌고래는 반드시 물 밖으로 나와 호흡을 해야 한다. 폐호흡을 하는 돌고래에게 물 밖으로 나오는 일은 생명과 직결되는 일이다.

그런데 폭풍이 오기 전 바다는 매우 혼란스럽다. 평소보다 강해진 바람에 의해 수면은 빠른 물결파가 형성된다. 그리고 바닷속은 바다 온도와 밀도차에 의해 수면보다 상대적으로 느린 파동의 물결이 형성된다. 이것을 내부파라고 한다.

점점 강해지는 바람에 의해 표면파와 내부파의 차이가 심해지면서 잠수하고 있던 돌고래나 고래는 다시 수면 위로 올라와

배 근처에 고래가 나타나면 태풍이 몰려올 징조이다.

호흡하기 힘들어지게 된다. 이때 수면 위로 배가 지나가게 되면 배가 일으키는 물결이 수면의 물결파를 상쇄시키는 역할을 하게 된다. 배가 지나간 수면은 다른 곳과 비교해 잠시 잔잔해지게 되는 것이다. 그때 돌고래나 고래는 잔잔해진 배 주변의 물밖으로 나와 호흡한다.

결국 돌고래가 이런 행동을 하는 것은 점점 거세져 가고 있는 바닷물의 파동을 피해 숨을 쉬기 위한 행동인 것이다.

만약 배 주변에서 노는 돌고래를 발견한다면 얼른 짐을 챙겨 귀항을 준비하시라! 폭풍이 다가오고 있다.

해수의 온도

바닷물 온도는 표면에서 심해까지 일정하지 않다. 일반적으로 해수의 온도는 수면에서 심해로 내려갈수록 떨어진다. 해수의 가장 상부는 온도가 균일한 표면 혼합층이 존재한다. 표면 혼합층은 대기의 태양 빛을 흡수해 따뜻해진 해수면이 바람이나 부력에 의해 섞이면서 해수 온도와 염분 농도가 균일하게 안정된 층이다. 그 아래는 수심이 깊어짐에 따라 온도가 내려가는 수온약층이 있다.

수온약층은 대기의 태양 빛이 닿지 않아 깊이가 깊어질수록 수온이 급격히 떨어진다. 그리고 표면 혼합층과 심해층을 나누는 역할을 하는 수온약층이 잘 발달할수록 표면 혼합층과 심해층이 섞이지 않게 된다.

표면 혼합층.

수온약층.

수온약층은 지역에 따라 해류의 조건에 따라 층의 깊이가 얕을 수도 더 깊을 수도 혹은 없을 수도 있다. 극지방은 표층부터 심층까지 차가운 바닷물 온도가 일정하므로 수온약층이 존재하지 않는다.

수온약층의 아래에는 수온의 변화가 거의 없는 심해층이 있다.

이 세 개의 층은 바닷물의 밀도에 의해 나뉘는데 태양빛을 가장 많이 받는 표면 혼합층이 밀도가 가장 낮고 심해층의 밀도가 가장 높다.

심해층.

23

고구마 꽃이 피면
천재가 일어난다

충정도에서 전해오는 속담으로, 거의 볼 수
없는 고구마 꽃이 피면 가뭄 등을 겪게 되면
서 천재^{天災}가 발생할 징조로 봤다.

혹시 고구마 꽃을 본 적이 있는가? 고구마는 우리가 흔하게 접할 수 있는 작물이다. 하지만 고구마 꽃을 본 적이 있느냐는 질문에는 고구마 농사를 짓는 농부라고 할지라도 선뜻 답하기 어려울 것이다.

충청도 지방에서 전해지는 이 속담은 작물의 생육상태를 관찰하여 기상이변을 감지하는 데 이용한 하나의 사례라고 할 수 있다.

감자와 함께 대표적인 구황작물인 고구마는 기르기 쉽고 맛이 좋아 오랫동안 한국 사람들에게 사랑을 받아왔다. 가을에 수확하여 겨우내 두고 먹으며 배고픔을 잊게 해준 고마운 작물이다.

식물인 고구마도 당연히 꽃이 핀다. 그러나 의외로 고구마 꽃에 대해서는 잘 알려지지 않았다. 왜 그럴까?

소설가 춘원 이광수는 고구마 꽃을 백 년에 한 번 볼 수 있는 꽃이라고 평했다. 그만큼 거의 찾아보기 힘든 꽃이라는 것이다.

고구마 꽃의 꽃말은 행운이다. 쉽게 보는 꽃이 아니니 어쩌다 보게 되면 행운이라는 것이다. 하지만 고구마 꽃을 바라보는 사람들의 시각은 지역과 환경에 따라 이중적이다.

그렇다면 왜 고구마 꽃을 흉조로 생각했던 것일까?

이 속담에 담긴 고구마 꽃이 피는 이유를 과학적인 원리로 살펴보자.

고구마 꽃과 밭에서 채취한 고구마.

  고구마의 원산지는 멕시코를 중심으로 한 남아메리카로 추정되며 18세기 일본을 통해 우리나라에 전해진 것으로 알려져 있다.

  고구마의 고향인 남아메리카는 전반적으로 일 년 내내 고온다습한 아열대성 기후를 보인다. 그래서 고구마는 따뜻한 기후를 매우 좋아하는 작물이다.

  고구마의 파종 시기는 날씨가 따뜻해지고 땅이 완전히 풀리는 5월 말이 일반적이다. 우리나라의 기후 특성상 고구마 생육에 도움이 되는 시기는 주로 여름철이다. 고구마 싹이 제대로 자라기 위해선 땅속 온도가 최소 18~20℃ 이상을 유지해줘야 하기 때문이다.

  4계절이 있는 우리나라에서

는 고구마를 노지(밭이나 땅)에 심어 충분히 자랄 때까지 적정한 온도를 유지하기 어렵다. 파종 시기를 조금만 놓쳐도 수확하기 전 서리가 내리고 추운 겨울로 접어들기 때문이다. 그래서 고구마는 따뜻한 온실이나 방안에서 미리 싹을 틔운 후 따뜻할 때 밭에 심는다. 우리나라 남부지방에서 고구마가 더 잘되는 이유는 중부 이북보다 날씨가 따뜻하기 때문이다.

고구마는 기온이 높고 낮의 길이가 짧으며 비가 많이 내리는 조건에서 꽃이 피는 특성이 있다. 따라서 따뜻한 날씨를 좋아하는 고구마가 우리나라처럼 4계절이 있는 환경에서 꽃을 피우기는 거의 불가능하다. 온도와 일조량이 고향인 남아메리카의 아열대성 기후와 많이 다르기 때문이다.

그런데 전형적인 온대기후였던 우리나라 밭에서 어느 날 고구마 꽃을 발견한다면 어떤 생각이 들게 될까? 직감적으로 농부는 무엇인가 석연치 않은 기류의 변화를 예감했을 것이다. 경험 많고 노련한 농부일수록 낯선 변화에 불안했을 것이다. 서늘하고 추운 중부 이북지역에서 만약 이런 일이 발생했다면 불안

의 강도는 더 심해졌을 것이다.

고구마 꽃이 핀다는 것은 단순히 못 보던 꽃을 보는 즐거움과 호기심 대신 일 년 농사를 판가름할 날씨의 이상 징조를 예고하는 예고장 같은 것이었다. 날씨의 이상징조는 다른 작물의 성장에도 큰 문제가 발생할 수 있다는 암시와도 같았다.

일반적으로 식물이 꽃을 피운다는 것은 이제 생명이 얼마 안 남아 있다는 것을 말해주는 징표와 같다. 개화開花는 자손을 퍼뜨리기 위한 식물의 마지막 작업이다. 식물은 꽃을 피우는 순간 모든 에너지와 영양분을 꽃으로 집중시키기 때문에 뿌리나 잎으로 가는 영양분이 줄어들어 감자와 고구마 같은 뿌리채소는 양질의 수확이 힘들다.

그런데 오늘날 우리나라의 기후는 아열대성으로 아주 빠르게 변화하고 있다. 이제 사람들은 매년 더 뜨거워지고 길어져 가는 여름을 순순히 받아들이는 분위기다. 멜론이나 패션푸르트(백향

블루베리.

망고.

패션푸르트.

과), 블루베리처럼 따뜻한 지역에서 볼 수 있었던 작물들도 제주도나 남부지방을 비롯한 중부지방에서까지 재배을 시작한 모습이 이제는 낯설지 않다.

그리고 바뀌는 기후만큼 사람들의 생각도 바뀌어 한 해 농사를 걱정하며 불길한 징조로 여겼던 고구마 꽃도 이젠 행운의 징표로 받아들이고 있다.

하지만 행운의 아이콘이 된 고구마 꽃 뒤에는 우리가 감당해야 할 기상이변이라는 숙제도 남겨져 있다는 것을 잊어서는 안 될 것이다.

단일식물

단일식물은 낮보다 밤의 길이가 길어야 꽃이나 열매가 맺는 식물을 말한다. 일반적으로 낮의 길이가 12시간 이하가 될 때 개화하는 식물이다. 단일이라는 명칭 때문에 짧은 일조량을 강조하기 쉽지만, 오히려 어둠 속에 있는 암기^{暗期}의 시간이 개화에 더 영향을 미치는 것으로 알려져 있다.

대표적인 단일식물로는 콩, 옥수수, 벼, 코스모스, 나팔꽃 등이 있다.

벼.

옥수수.

코스모스.

24

처서가 지나면
모기 입이 삐뚤어진다

처서가 지나면 여름 동안 기승을 부리던 모기
도 맥을 못 출 정도로 날씨가 선선해진다.

속담 중에 익살스럽고 귀에 쏙 들어오는 속담을 고르라 면, '처서가 지나면 모기 입이 삐뚤어진다'라는 속담을 손꼽 고 싶다. 이는 우리 선조들의  넘치는 유머 감각이 아주 잘 드러나 있는 속담이다.

왜 하필 파리도 매미도 아닌 모기 입이 삐뚤어지는 것일까. 혹 시 여름내 극성을 부리며 짜증 나게 하던 모기 입이 삐뚤어지길 바란 것은 아닌지……? 아니면 그렇게 독한 모기 입도 돌아갈 만큼 추워질 테니 슬슬 준비하라는 의미가 아닐까?

'처서에 비가 오면 한 해 농사를 망친다'라는 속담도 있다. 처 서가 지나고 다가올 추석의 풍요로움을 만끽하기 위해서라도 항상 처서의 날씨는 맑았으면 좋겠다.

농경사회에서 매우 중요한 역할을 한 24절기 중 처서는 14번째 절기로, 입추와 백로 사이에 있다. 양력 8월 22일~23일 경이며 더위가 없어진다는 의미가 있다. 처서 무렵 간혹 늦더위가 기승을 부려 '까마귀 머리가 벗어진다'라는 재미있는 속담도 있다.

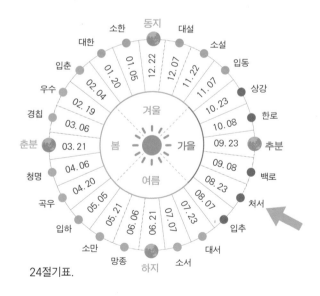

24절기표.

처서에 접어들면 아침, 저녁으로 선선한 바람이 불고 더위가 한풀 꺾인 느낌이 든다. 하늘색과 불어오는 바람의 느낌이 여름과는 사뭇 달라짐을 느낀다.

억새풀.

처서일 때 태양은 황도상 150°에 위치하게 된다. 낮과 밤의 길이가 같아지는 추분이 이제 머지않았다. 아직은 낮의 길이가 길지만, 태양의 고도가 최고인 하지를 기점으로 점점 고도가 낮아져 일조량이 줄어들고 있는 가운데 있는 것이다. 절기를 시간으로 따져보자면 처서는 오후 4시 무렵이다.

태양의 고도가 최고조에 오르는 12시 하지를 지나 더위가 맹위를 떨치는 1시~2시에 해당하는 소서와 대서를 넘어온 태양은 오후 4시 무렵에 그 에너지가 약해지기 시작한다. 오후 5시 무렵인 백로가 되면 더위는 이제 거의 찾아볼 수 없을 만큼 싸늘해지기 시작한다. 그래서 처서를 기점으로 계절은 여름에서 완연한 가을로 넘어가게 된다.

모기는 공룡이 살던 시대부터 생존해온 가장 오래 살아남은 곤충 중 하나이다. 지구상에는 약 3500여 종에 이르는 모기가 서식하는 것으로 알려져 있다. 피를 빠는 것은 암컷이며 알을 낳기 전 영양을 보충하기 위한 수단이다.

암컷 모기는 열을 감지하는 능력이 있으며 사람의 체취에서 나오는 젖산과 지방산 등에 민감하게 반응하여 냄새를 쫓아 모여든다. 신체 활동이 왕성하고 건강한 사람일수록 암컷 모기의 표적이 될 확률이 높은 이유다.

모기는 따뜻한 지역에서 서식하며 활동한다. 모기 유충은 물속에서 성장하는데 약 10~15일이면 알에서 성충까지 모기의 한 살이 과정이 완료된다. 모기 유충의 성장에 영향을 미치는 중요한 요소이며 한 살이 과정을 원활하게 해주는 최고의 조건은 기온이다.

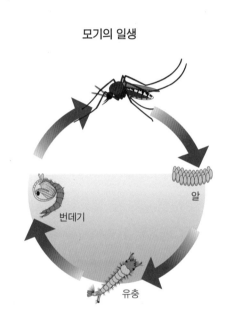

모기의 일생

알

번데기

유충

성충이 되어 물 밖으로 나오는 순간 바로 짝짓기에 들어가는 모기에게 낮은 기온은 치명적이다. 그래서 처서가 지나 날씨가 쌀쌀해져 기온이 떨어지면 모기들의 활동력이 극도로 적어지며 월동에 들어가는 것이다.

그런데 왜 모기 입이 삐뚤어진다고 표현했을까?

예로부터 차가운 곳이나 쌀쌀한 날씨 속에서 춥게 잠을 자면 '입 돌아간다' 속설이 있었다. 이것은 속설을 떠나 어느 정도는 맞는 말이다.

항온동물인 인간은 일정하게 체온을 유지해야 한다. 하지만 체온을 떨어뜨리는 조건에 오래 노출되거나 신체의 한 부위만 지속해서 차가운 온도를 접하게 되면 순간 마비가 올 수 있다. 주로 얼굴에 오는 경우가 많아 한방에서는 구안와사라고 한다. 쉽게 말해 입이 돌아가는 것이다.

구안와사는 일종의 안면신경마비로 그 원인은 매우 다양하다. 모기도 처서가 지나 갑자기 쌀쌀해진 날씨를 접하면 사람처럼 구안와사 증상이 찾아와 입이 삐뚤어진다고 선조들은 이야기한다. 선조들의 뛰어난 풍자적 표현의 묘미를 느낄 수 있는 대목이다. 그만큼 처서 이후에는 갑자기 추워질 수 있으니 건강에 유의해야 한다는 의미도 담고 있다.

장구벌레

장구벌레는 모기의 유충을 일컫는 말이다. 물속에 알을 낳는 모기는 유충 시절을 물속에서 보내게 된다. 보통 3급수 이하의 물에 알을 낳으며 수질이 나빠질수록 장구벌레를 잡아먹는 천적이 사라져 모기가 극성을 부리게 되는 원인이 된다.

장구벌레는 꼬리 끝에 달린 호흡관을 통해 물 밖으로 꼬리를 내놓고 외호흡을 한다. 4번에 걸친 탈피 끝에 번데기를 거쳐 성충인 모기가

장구벌레.

된다. 완전변태인 모기의 한 살이 과정은 15일 정도로 매우 빠르게 진행된다. 모기의 한 살이를 결정짓는 가장 중요한 요소는 기온으로, 낮은 기온에서는 성충으로 성장할 수 없다. 장구벌레를 잡아먹는 생물로는 잠자리. 송사리, 미꾸라지 등이 있다.

잠자리와 미꾸라지는 장구벌레를 잡아먹는 인간에게 유익한 존재이다.

25

약방에 감초

어떤 경우에도 꼭 필요한 물건이 있다. 또는
어떤 일이든지 항상 빠짐없이 끼어드는 사람
이 있다.

약방에 감초라는 말을 들어 봤을 것이다. 혹은 사용해본 적이 있을 것이다. 여러분은 어떤 경우에 이 속담을 써봤는지 떠올려보자.

보통은 어디에든 꼭 필요한 존재를 이야기하는 속담이다. 한편으로는 분위기 파악 못하고 눈치 없이 참견하는 사람을 말할 수도 있다.

감초.

물론 이 속담에는 이중적 의미가 모두 담겨 있다. 시대, 환경, 대화 분위기, 말하는 사람의 표정과 어조 등에 따라 약방의 감초는 그 해석이 달라진다.

빠르게 변화하는 현대사회에서 모든 분야를 전부 섭렵한 사람은 많지 않다. 전문화, 분업화되어 있어 한 분야에서 최고가 되는 것만으로도 엄청난 시간과 노력이 필요하기 때문이다.

이와는 달리 과거 농경 사회에서는 화합과 친목을 도모하고 친화력 넘치는 감초 같은 사람이야말로 가장 환영받는 사람이었을 것이다. 농업은 협동  작업이며 마을 공동체 간의 소통이 매우 중요하기 때문이다.

우리가 약방에 감초라는 속담을 더 깊이 이해하기 위해서는 속담에 등장하는 감초가 정확하게 무엇인지 알아야 한다. 감초의 역할과 효능을 이해하게 되면 속담에서 말하고 싶은 진정한 깊은 뜻을 더 잘 이해할 수 있지 않을까?

감초는 한약을 지을 때 빠질 수 없는 재료이다. 약재로 쓰이는 부분은 뿌리로, 단맛이 난다고 해서 달 감$^\sharp$자를 써서 감초라 부른다. 은은하게 달달한 감초의 맛과  독특한 향은 쓰디 쓴 한약을 먹어야 했던 시절, 그래도 한약을 마실 수 있는 사탕이 되어주었다.

감초의 효능은 위장병, 소화기능 장애, 해독, 염증 치료, 부종 억제, 피부병 등 아주 많다.

약을 지을 때 감초를 넣는 이유는 단순히 쓴 한약 맛을 중화시켜 달짝지근한 맛을 내기 위함만이 아니다. 해독, 항염, 소화, 피부, 근육경련, 뼈, 변비, 감기 등 그 효능이 너무나 방대하고 다양하기 때문이다.

그래서 평소에 감초 달인 물을 식용하면 다양한 질병 예방과 소화기 관련 질병에 뛰어난 효과가 있다고 한다. 특히 해독작용이 탁월한 약초인 감초는 간에 좋고 전염성 간염에 치료제로도 쓰인다고 한다. 이처럼 한방의약에서 감초의 역할은 매우 중요하다.

이밖에도 감초의 효능은 매우 많다. 한방에 쓰이는 약재 대부분은 몸에 도움이 되는 만큼 독성이 있다. 모든 약재가 그런 것은 아니지만 일반적으로 그렇다. '잘 쓰면 약, 못 쓰면 독'이라는 말이 있듯이 약재는 그 양과 사용방법에 따라 약이 되기도 하고 독이 되기도 하는 이중성을 지닌다.

조선 최고의 의학서인《동의보감》에서도 함께 쓰면 오히려 독성이 강해져 몸을 망치는 약재와 식재료에 대해 언급하고 있다.

동의보감.

사약의 재료가 되는 부자는 독성이 매우 강한 투구꽃의 뿌리를 말린 것으로 맹독성 약재이다. 하지만 맹독성을 가진 부자도 잘 쓰면 쇠약해진 신체,

부자의 이미지.

오한, 마비, 신경통 등에 효과가 있는 약이 된다.

독성이 강한 부자는 절대 단독으로 쓰지 않으며 약재로 쓸 때는 감초와 함께 쓴다.

이처럼 맹독성과 열기가 강한 약재를 쓸 때도 감초가 쓰이는 이유는 간단하다. 감초는 어떠한 약재와 써도 약 성분을 자극하여 독성을 키우거나 서로 성분이 맞지 않아 약의 효능을 떨어뜨리지 않기 때문이다. 감초는 다양한 약재들의 약 성분과 독성분을 조절하는 조절자 역할을 하는 것이다. 이는 마치 수많은 악기를 한데 모아 불협화음을 줄이고 아름다운 하모니로 끌어내는 오케스트라의 지휘자와 같은 역할이다.

이처럼 감초는 감초 하나만으로도 약효를 낼 수 있는 뛰어난 단방약이며 다른 약재와 같이 쓰이면 더 좋은 시너지synergy를 내는 훌륭한 조절자이다.

따라서 감초의 효능을 잘 알고 보면 약방의 감초 같은 사람은 이 시대가 지향하는 능력자의 모델일 수도 있다. 끊임없이 빠르게 돌아가는 현대사회에서 모든 분야를 아울러 조절하고 중재할 수 있는 사람! 그야말로 약방에 감초 같은 사람이다.

단방약

단방약은 한 가지 재료로 병을 낫게 하는 약재를 말한다. 위급한 병에 단 한 가지 약재의 효능만으로 병을 단번에 낫게 하는 극약처방이기도 하다. 그래서 단방약은 위험한 처방일 수도 있다. 약이 되거나 아니면 반대로 독이 될 수도 있기 때문이다.

보통 우리 주변에서 흔히 볼 수 있는 재료로 민간에서 많이 사용했다. 돈이 없어 비싼 약재를 쓸 수 없었던 서민들에게 단방약은 매우 요긴한 약재였다. 의학이 발달하고 제약기술이 발달한 지금까지도 단방약은 전통적인 민간처방으로 인기를 끌고 있다.

한의학은 아주 오래전부터 발달해왔다. 단군신화에 나오는 쑥과 마늘은 아주 오래된 단방약 중 하나이다.

하지만 의학적인 체계 없이 경험에만 의존하여 구전되던 단방약의 효능을 맹목적으로 믿어서는 안 된다. 단방약은 구전되는 속설과 실체가 다른 점도 많아 앞으로 과학적인 연구가 더 필요하기 때문이다.

26

청개구리가 나무에서 떨어지면
날씨가 좋다

개구리는 습도에 민감한 피부이기 때문에 맑
은 날에는 습기가 있는 개울가 등에 있어야
하지만 습도가 높아지면 피부가 마를 일이 없
어 높은 곳에 올라간다.

우리가 보기엔 전혀 귀엽지 않은 개구리. 그런데 아이들에게는 매우 사랑받는 캐릭터 중 하나이다. 동화나 우화, 애니메이션에도 자주 등장한다. 왜 개구리는 우리 삶에 자주 등장할까?

청개구리.

동물과 식물을 관찰하여 날씨를 예측해왔던 선조들의 지혜는 어디에나 흔한 개구리마저 그냥 넘기지 않았다.

'청개구리가 나무에서 떨어지면 날씨가 좋다'는 속담은 좀더 풀어보면 '청개구리가 낮은 곳에 있으면 맑음, 높은 곳에 있으면 비가 온다'가 된다.

물이 많이 필요한 논농사를 주업으로 삼았기 때문에 옛날만 해도 청개구리를 보는 건 그리 어려운 일이 아니었을 것이다.

따라서 이 속담은 곱씹어볼수록 재미가 있다.

혹시라도 길을 지나다 나무에서 미끄러지는 청개구리를 보게 된다면, 여러분도 아는 척하면 된다.

오늘은 맑은 날이 계속될 것이라고.

청개구리는 우리나라에 서식하는 개구리의 일종으로 가장 몸
집이 작다. 등 색깔이 녹색을 띠고 있어 청개구리라는 이름이
붙었으며 산란기인 여름에는 녹색을 띠던 색깔이 가을로 접어
들면서 회색으로 바뀌어 겨울잠을 잔다고 한다. 대체로 4월~8
월 사이 짝짓기와 산란을 한다.

산란이 끝난 직후엔 나무에서 생활하며 몸집이 작고 가벼워
집안의 벽 등을 타고 올라가 2층이나 담벼락, 심지어는 고층 아

날이 맑으면 청개구리는 습기가 있는 곳으로 이동한다.

청개구리는 습도가 높거나 비가 올 듯한 날에는 높은 곳으로 올라간다.

파트에서 발견되기도 한다.

청개구리는 산란이 끝나면 주로 나무나 풀잎 위에서 생활하므로 나무에서 떨어진다는 속담이 생긴 것이다. 특히 청개구리의 피부는 습도에 민감하다.

폐호흡과 더불어 피부호흡을 하는 청개구리는 습도가 낮은 맑은 날에는 물가에 많이 모여 있다. 이것은 피부가 건조해지는 것을 막기 위해서다. 자칫 잘못하면 피부가 말라 호흡곤란으로 죽을 수도 있기 때문이다.

반대로 비가 오기 전 습도가 높아지면 물 밖으로 나와 활발하게 움직이기 시작한다. '개구리가 울면 비가 온다'라는 속담은 개구리의 이러한 습성 때문에 나온 말이다.

이처럼 항상 습기 많은 환경에 있어야 하는 청개구리가 나무에서 살 수 있는 이유는 청개구리의 특별한 신체 능력 때문이다. 청개구리는 개구리 중에 유일하게 높은 곳으로 올라갈 수 있는데 이유는 발바닥 끝에 붙은 흡착 빨판 때문이다. 이것은 거머리, 파리, 문어, 도마뱀 등에서도 볼 수 있는데 주로 먹이를 먹거나 떨어지지 않도록 달라붙어 있게 해주는 역할을 한다.

청개구리가 나무나 벽에 잘 달라붙어 기어오를 수 있는 이유도 바로 이 빨판 때문이다.

날씨가 쾌청하고 맑은 날은 대기에 수분이 없어 건조하다. 그래서 청개구리의 피부와 끈적끈적한 빨판이 제기능을 할 수가 없게 된다.

몸이 건조해지기 시작하면 청개구리는 일제히 나무에서 내려와 물가로 이동을 하는데 이동 중에 나무에서 미끄러져 떨어지게 되는 것이다.

양서류

  척추동물을 분류해보면 어류, 양서류, 파충류, 조류, 포유류로 나눌 수 있다. 19세기 초반까지만 해도 양서류는 파충류나 어류로 분류하기도 했으나 진화적인 측면으로 볼 때, 바다에서 육지로 나오는 중간과정에 있으며 물과 육지 양쪽 모두 살 수 있다고 하여 양서류라고 명명하게 되었다. 지구상에 존재하는 양서류의 종류는 개구리류, 두꺼비류, 도롱뇽류 등을 포함하여 약 6000종 정도로 알려져 있으며 변온동물이다.

  양서류는 어릴 때는 물고기처럼 아가미 호흡을 하지만 성체가 되면서부터 육지로 나와 폐호흡을 하게 된다. 하지만 폐가 완전히 발달하지 못해 피부로도 호흡해야 한다. 양서류는 피부 호흡과 폐호흡이 병행되어야 하므로 항상 촉촉한 피부를 유지해야만 한다.

개구리.

도롱뇽.

27

연기가 서쪽으로 흐르면 비, 동쪽으로 흐르면 날씨가 맑다

오래 전부터 굴뚝의 연기가 서쪽으로 흐르는지 동쪽으로 흐르는지를 관찰해 날씨를 예측했던 조상들의 지혜가 담긴 속담이다.

고층아파트가 즐비하고 가스와 전기를 이용해 난방과 취사를
하는 지금의 주거 형태에서 피어오르는 연기를 볼 일은 거의 없
다. 오히려 주거시설에서 연기가 피어오른다면 화재일 가능성
이 커 불안에 떨게 될 것이다.

그러나 불을 때는 아궁이에서 밥을 짓고 온돌에서 생활하던
시절만 해도 집 굴뚝에서 피어오르는 풍경은 따뜻한 기억을 불
러오는 추억의 장면이다.

굴뚝에서 피어오르는 연기
는 이제 곧 따뜻한 밥을 먹을
수 있다는 기대감을 갖게 했
다. 그리고 그 누군가는 굴뚝
의 연기를 보며 날씨를 예측
하기도 했다.

'연기가 서쪽으로 흐르면

비, 동쪽으로 흐르면 맑음'이라는 속담은 우리나라의 지리적 환경에서 나타나는 매우 정확도가 높은 기상예측이다. 그 예측은 어떤 원리에 근거를 두고 있을까?

속담에 담긴 과학적 원리를 풀어보자.

골목에서 놀던 아이들은 저녁이면 집집마다 굴뚝에서 나는 연기로 저녁식사 시간을 짐작했다.

바람은 기압 차에 의해 발생하는 기상 현상으로 고기압에서 저기압으로 공기가 이동하는 것을 말한다. 기압 차는 태양 빛에 가열된 지표면의 따뜻한 공기와 차가운 공기의 대류 현상에 의해 발생한다.

굴뚝의 연기 방향으로 날씨를 가늠했던 선조의 지혜는 여전히 활용가치가 높다.

바다와 육지는 액체와 고체로 분류해 볼 수 있는데 성분의 특성상 더워지는 속도가 다르다.

액체인 바닷물은 고체인 육지의 흙과 바위보다 천천히 뜨거워지고 천천히 식는다. 액체분자보다 고체분자가 분자 간의 간격이 조밀해 열전도율이 훨씬 더 빠르기 때문이다. 그래서 한낮의 태양 빛을 같은 시간 동안 받으면 육지가 훨씬 빨리 뜨거워져 육지의 공기가 더 빨리 상승한다.

공기가 상승하면 아직 데워지지 않은 바다 쪽의 찬 공기가 육지로 이동해 상승한 공기의 자리를 메우게 된다. 다시 말해 육지는 공기 상승으로 저기압이 되고 바다는 차가운 공기로 인해

고기압 상태가 되는 것이다.

고기압이 형성된 바다에서 저기압이 형성된 육지와의 기압 차로 인해 바람이 바다에서 육지로 불게 되는 것이다.

우리나라는 지리적으로 지구의 편서풍대에 해당한다. 우리나라는 이 편서풍의 영향으로 대기 순환의 큰 흐름이 서쪽에서 동쪽으로 이동한다.

계절과 낮과 밤의 온도 차로 잠깐 바람의 방향이 바뀔 수는 있으나 대기 순환의 큰 흐름은 변하지 않는다. 연기는 바람의 방향에 따라 흐름이 바뀐다. 마치 구름이 바람의 흐름에 따라 움직이는 원리와 같다.

동쪽으로 연기가 흐른다는 것은 서풍을 의미한다. 그렇다면 서쪽에는 고기압이 동쪽에는 저기압이 형성되어 있는 것이다. 이런 영향 때문에 연기가 동쪽으로 흐르는 날은 서쪽이 맑고 동쪽이 흐리다는 뜻으로도 해석될 수 있다.

우리나라의 지리적 위치상 서풍은 강력한 편서풍 기류에 힘을 입어 서쪽에 있는 고기압 전선이 우리나라로 다가올 것이기 때문에 앞으로도 당분간은 맑은 날이 이어질 것이다.

편서풍

편서풍대는 지구의 중위도 30°~60°에도 해당하는 지역에 부는 항상풍으로 지구 대기의 순환 때문에 항상 일정하게 부는 바람을 의미한다.

우리나라는 북쪽이 강한 편서풍의 영향을 더 많이 받으며 남쪽은 덜한 편이다.

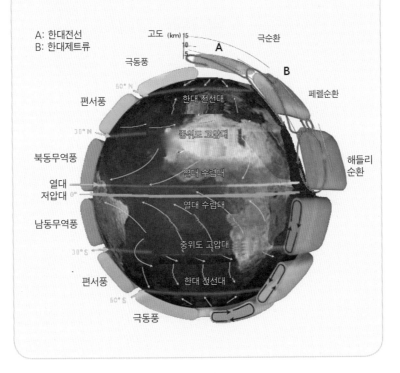

A: 한대전선
B: 한대제트류

고도 (km)

극순환

극동풍

편서풍

북동무역풍

열대
저압대

남동무역풍

편서풍

극동풍

한대 전선대

중위도 고압대

열대 수렴대

열대 수렴대

중위도 고압대

한대 전선대

페렐순환

해들리
순환

열 길 물속은 알아도
한 길 사람 속은 모른다

물속은 아무리 깊어도 그 깊이를 알 수 있지
만 사람의 마음은 알기 어렵다는 뜻을 담고
있다.

사람의 마음을 어떻게 알 수 있을까? 날씨, 기분, 상황에 따라 시시각각 변하는 게 사람의 마음이다. '내 마음 나도 몰라'라는 가사처럼 자신의 마음을 정확하게 인지하고 있

는 사람도 드물다. 때론 내가 왜 이렇게 행동하는지 그 이유를 스스로 설명할 수 없을 때가 종종 있기 때문이다.

우리는 왜 30m 가까이 되는 열 길 물속은 알 수 있어도 사람의 마음은 잘 알지 못하는 것일까?

요즈음 유행하는 우스갯소리처럼 그것은 아마도 기분 탓일 것이다. 인간의 기분은 가만히 있지를 못한다. 항상 요동치며 매 순간 롤러코스터를 탄다. 어쩌면 그런 기분을 예측하고 알 수 있다는 것이 애초에 불가능한 일이었을지도 모른다.

아주 오래전부터 사람은 서로 공감하고 이해하는 쪽으로 진화해 왔다고 한다. 하지만 사람의 마음을 완전히 공감하는 것은 예나 지금이나 매우 어려운 일이다. 사람의 마음은 너무도 변화무쌍하여 그 진실한 속을 알 수 없다는 속담의 속뜻만 봐도 알 수 있다.

인간의 마음이 무엇인지 과학적으로 규명하기는 참 어렵다. 눈에 보이지도 만질 수도 설명할 수도 없기 때문이다.

하지만 현대인은 과학의 시대를 살면서 종교학, 심리학, 진화생물학, 뇌과학 등 다양한 분야에서 인간의 마음을 학문적으로 규명하고자 하는 시도를 하고 있다. 그리고 뇌과학의 발전으로 보이지 않는 마음이 어떻게 작동하는지 과학적으로 설명되기 시작했다.

마음은 어디에서 올까? 인간의 마음을 한마디로 정의하기는 매우 어렵다. 하지만 마음에 영향을 미치는 것은 인간의 감정, 생각, 감각 등이며 마음은 이 모든 것을 포함하는 포괄적인 정신 활동 영역이다.

인류는 주로 종교나 철학을 통해 마음의 실체에 대해 탐구를

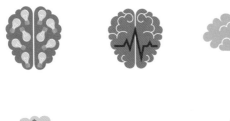

다양한 뇌 연구 분야를 아이콘으로 표시했다.

해왔지만, 뇌에 관한 연구가 활발해지고 그 기능들이 밝혀지면서 인간의 마음에 영향을 주는 감정과 의식은 뇌의 영역이라는 것을 알게 되었다.

그렇다면 우리의 감정과 생각, 감각 등은 뇌의 어떤 경로를 통해 작동하는 것일까? 우리의 뇌는 그 역할에 따라 다양하게 나뉘지만 크게 세 가지 영역으로 나눌 수 있다.

첫 번째는 자율신경을 관장하는 간뇌에 해당하는 부분이다. 이곳은 우리 몸의 순환과 대사, 호흡, 심장박동, 체온 등을 관장하는 뇌로 일명 원초적 뇌라고 할 수 있다.

우리가 의식적으로 조절하고 제어할 수는 없지만, 생명과 직접 연관되는 일을 하므로 매우 핵심적인 뇌이다. 후각을 제외한 모든 감각의 중계소와 같은 역할을 하는 시상이 바로 이곳에 있다. 후각을 제외한 인간의 감각은 시상을 통해 신피질로 전달되며 시상을 거쳐 전달된 감각정보를 기초로 신피질의 추론과 사고가 이루어진다.

인간의 감정을 담당하는 부분은 대뇌변연계다. 일반적으로 대뇌변연계는 슬픔, 기쁨, 분노, 즐거움 등 다양한 기분과 감정의 변화를 관장하는 곳이다. 이곳에는 기억과 무의식에 관여하는 해마와 편도체가 있다.

갓구운 빵 냄새를 맡는 순간 어릴 적 친구와 함께 빵을 먹으며 즐거웠던 기억이 떠오른 경험이 있다면 그것은 해마와 편도체의 합동작품으로 만들어진 감정이다.

그렇다면 뇌는 이러한 모든 과정을 어떻게 연결하고 통합할까?

그것은 뉴런이라는 신경세포에 답이 있다. 뉴런은 뇌를 비롯해 온몸에 연결되어 있으며 서로 끊임없이 정보를 교환한다. 뇌와 신경세포 간 정보전달은 신경전달물질을 통해 이루어진다. 이 신경전달 물질도 우리의 감정을 결정짓는 중요한 매개체가 된다.

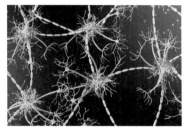

뉴런.

행복감을 주는 세로토닌, 스트레스와 긴장, 불안을 일으키는 코르티솔, 사랑의 감정을 북돋아 주는 옥시토신, 기분을 좋게 하는 도파민, 집중력을 높이는 노르아드레날린 등 다양한 신경전달물질이 뇌하수체를 비롯한 온몸에서 분비되어 우리의 감정을 지배한다. 결국, 뇌 신경학적으로 감정은 뇌와 신체가 받아들이는 외부자극에 의한 호르몬 분비와 대뇌변연계에서 받아들이는 기억과 무의식에 대한 정보처리 과정에 의해 만들어지는 신체적 반응인 것이다.

이러한 관점에서 보자면 감정도 적절한 운동, 영양가 높은 식단, 긍정적인 생각 등의 인위적인 노력을 통해 신체 기능을 최적의 상태로 돌려놓으면 긍정적인 변화를 가져올 수 있다는 말이 된다.

마지막으로 인간을 가장 인간답게 할 수 있는 고도의 창의력과 창조성이 발휘되는 곳이며 깊은 사색과 논리적인 생각이 가능하도록 하는 신피질이 있다. 신피질은 인간만이 고도로 발달한 특수한 뇌이다.

신피질은 간뇌와 대뇌변연계를 통해 받은 정보를 통해 추론하고 판단하여 다시 우리 몸에 명령을 내린다. 행동을 취하는 것이다. 감정과 심리적 변화에 따라 신피질과 대뇌변연계가 반응하는 순서는 달라질 수 있다. 감정은 대뇌변연계로 대표되는 영역의 역할이 크지만, 감정만이 마음이라고 단정 지을 수가 없다.

뇌는 모든 영역이 통합적으로 움직인다. 그래서 인간의 마음은 단순하지 않다. 마음을 결정하고 행동한다는 것은, 간뇌의 감각정보와 편도체와 해마의 무의식적이고 장기적인 기억과 신피질의 논리적인 사고가 통합적으로 움직여 만들어내는 종합예술인 셈이다.

인간 뇌에 관한 연구는 오래전부터 이루어져왔지만 아직도 걸

음마 단계에 불과하다. 마음이라는 형이상학적인 영역이 눈에 보이는 물질의 세계로 그 실체를 아주 조금씩 드러내고 있을 뿐이다. 결국은 마음이라는 것도 세포가 만들어내는 화학물질의 조화에 불과하다는 의견도 있다. 설령 그렇다 할지라도 실망하기는 아직 이르다. 한 길 사람 속을 알기에는 인류가 가야 할 길이 아직은 멀기 때문이다.

뉴런

신경세포인 뉴런은 우리의 뇌를 중심으로 온몸에 퍼져 있으며 감각기관을 통해 들어온 정보와 뇌에서 전달받은 명령을 전달해주고 교환하는 역할을 하는 기능적, 구조적 단위를 말한다. 신경세포체와 가지돌기, 축삭돌기로 이루어져 있다.

뉴런의 종류에는 감각뉴런, 연합뉴런, 운동뉴런이 있으며 감각기관을 통해 전달받은 정보를 이 순서로 전달한다.

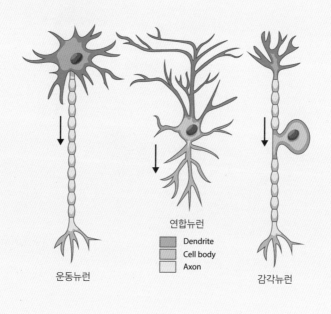

연합뉴런

■ Dendrite
■ Cell body
□ Axon

운동뉴런　　　　　　　감각뉴런

29

가을 아욱국은 사위만 준다

영양 많고 특별한 맛을 가진 가을 아욱국을
사위에게 줘 딸이 건강한 사위와 행복하길 바
라는 친정 부모님의 마음이 담겨있다.

　일 년 중 가을은 가장 풍성하고 정서적으로도 풍요롭다. 산과 들에서 걷어 들이는 농산물들은 보고만 있어도 배가 불렀을 것이다.

　전통적으로 농경사회였던 우리는 벼가 익어가는 가을이야말로 일 년 중 가장 행복한 계절로 마음과 몸이 모두 평안한 시절이었다.

　이렇게 풍요롭고 먹을 것이 풍부한 가을에는 영양이 높고 몸에 좋은 식재료 또한 풍부하다. 그중에서도 아욱은 단연 최고의 채소로 알려져 있다.

아욱은 고려 시대부터 재배해 올 만큼 역사가 오래된 채소다. 전국에 널리 퍼져 재배했으며 영양가가 풍부하여 상시 즐겨 먹었던 채소이다. 중국에서는 채소의 왕이라고 불리고 있을 정도로 다양한 영양소를 갖고 있다.

아욱은 단백질과 비타민A, 칼슘 등이 풍부하고 변비와 숙변 제거에 효과적이며 해독작용 또한 뛰어나다. 아욱 꽃은 이뇨제로 사용되고 있다.

수분과 따뜻한 기후를 좋아하는 아열대 작물인 아욱은 따뜻한 온도가 지속되는 봄, 여름, 가을까지 재배가 가능하다. 성장기간도 짧으며 기르기도 쉽다.

이렇게 영양 만점에 효능도 뛰어나고 재배도 쉬운 아욱은

아욱된장국.

구하기 쉬운 보약이라 할 수 있다. 가을에 수확하는 아욱은 특히 더 영양가가 많고 맛이 좋다고 한다.

가을 아욱은 사위만 준다라는 속담에는 영양가 많고 맛도 좋은 아욱을 백년손님이라 부를 정도로 귀한 사위에게 주어 건강하길 바라는 장모의 마음이 담겨 있다. 사위가 항상 건강하게 지내며 딸을 잘 보살펴 주기를 바라는 깊은 모정이 숨겨진 속담인 것이다.

칼슘

뼈에 좋은 칼슘은 채소에
도 많이 들어 있다. 특히,
아욱, 시금치, 청경채, 깻잎
등에는 풍부한 비타민과 무
기질, 칼슘이 들어 있어 성

다양한 채소들.

장기 어린이와 성인 건강에 도움을 준다.

칼슘이 부족하면 골다공증, 신경과민, 골연화증, 근육 경련
등이 발병하며 과잉될 때는 신장결석, 석회화, 변비, 두통 등
의 증상이 생긴다.

칼슘이 많다고 알려진 식품들.

30

봄볕은 며느리를 쬐이고
가을볕은 딸을 쬐인다

봄볕은 일사량이 많아 살갗이 더 잘 타고 거
칠어지는 반면 가을볕은 살균과 심신에 긍정
적인 작용을 하기 때문에 며느리와 친딸을 차
별하는 시어머니의 마음을 풍자하고 있다.

딸과 며느리가 있다. 누구에게 더 마음이 갈까? 물론 며느리와 딸처럼 지내는 시어머니도 적지 않다. 하지만 '피는 물보다 진하고 팔은 안으로 굽는다'라는 말이 있듯이 내 배 아파 낳은 딸에게 조금이나마 마음이 더 가는 것은 사실이다.

며느리와 딸에 대한 시어머니의 솔직한 속내가 담긴 이 속담은 과학적으로도 매우 타당성 있는 이야기다.

직사광선은 피부에 좋지 않다.

실제로 봄볕과 가을볕은 매우 차이가 있다. 가장 큰 차이는 일조량과 습도이다.

지구는 일 년 중 밤이 가장 긴 12월 22일 동지를 기점으로 밤의 길이가 점점 짧아지기 시작한다. 봄을 알리는 음력 2월 4일 입춘을 지나 3월 말경이 되면 밤과 낮의 길이가 똑같아지는 춘분이 된다. 춘분부터는 완연한 봄기운이 돌기 시작한다.

춘분을 지나 4월 이후 꽃피고 새우는 봄이 되면 태양의 고도는 점점 높아져 낮이 길어지기 시작한다. 일조량이 증가하는 것이다.

또한 봄은 습도가 낮아 건조하다. 낮은 습도는 태양 빛을 방해하지 않고 지면으로 내리쬐게 만든다.

반면에 가을은 태양의 고도가 낮아져 상대적으로 일조량이 감소한다. 9월 말경 낮과 밤의 길이가 다시 똑같아지는 추분을 지나면 반대로 낮이 짧아지고 밤이 길어지기 시작한다. 봄과 비교

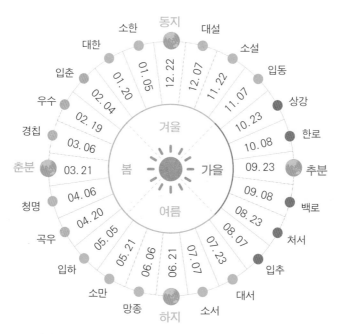

24절기표.

했을 때 높아지기 시작하는 습도로 인해 수증기는 강한 태양 빛을 막아주며 자외선을 차단하는 역할을 한다.

강한 자외선 노출은 피부 노화와 기미, 주근깨, 잡티의 원인이 된다. 또한 오랜 시간 자외선에 노출되면 화상을 입기도 하고 심하면 암을 비롯한 각종 피부과 질환을 발생시킨다.

자외선에 대해 잘 알지 못했던 시절에도 사람들은 자외선의 피해를 직감적으로 느끼고 있었던 듯하다. 자외선으로 새까맣

가을들녘의 코스모스와 잘 익은 벼.

게 탄 얼굴은 외모적으로나 건강상에 매우 나쁜 영향을 주기 때
문에 피해야 한다는 것을 말이다.

이와는 반대로 청명하고 습하지 않은 가을의 해는 피부에 매
우 알맞은 일조량을 제공한다. 적절한 일조량 아래에서의 일광
욕은 우리 피부와 몸에 비타민D를 공급하여 건강을 이롭게 한
다. 그래서 가을볕에는 얼른 딸을 내보내어 비타민D를 듬뿍 받
게 해야 하지 않겠는가.

비타민D 영양제.

비타민D

비타민D는 지용성 비타민 중 하나다. 생명 유지와 면역에 관여하는 매우 중요한 영양소로 부족하면 구루병, 골다공증, 면역질환, 비만, 당뇨, 암, 우울증 등이 발병하는 것으로 알려져 있다. 따라서 이와 같은 병을 예방하기 위해 섭취한다.

비타민D는 인체가 스스로 합성할 수 없으므로 외부에서 흡수해야 한다. 비타민D를 흡수할 수 있는 최고의 방법은 태양빛이다. 하지만 비타민D를 흡수하기 위해 과도하게 일광욕을 하면 오히려 피부에 안 좋기 때문에 주의해야 한다.

우리 몸은 직접 비타민D를 합성할 수 없기 때문에 음식과 일광욕을 통해 섭취한다.

참고 도서

대단한 하늘여행 윤경철 저, 푸른길

국어 교과서도 탐내는 맛있는 속담
허은실 저, 웅진주니어

속담으로 배우는 과학 교과서
장하나 저, 북섬

박문호 박사의 뇌과학 공부
박문호 저, 김영사

생명과학 대사전 강영희 저, 아카데미서적

뇌내혁명 1 : 뇌 분비 호르몬이 당신의 인생
을 바꾼다   하루야마 시게오 저, 사람과책

재미있는 날씨와 기후 변화 이야기
김병춘, 박일환 글

고교생을 위한 물리 용어사전
신근섭 편, 신원문화사

텃밭백과 박원만 저, 들녘

상위 5%로 가는 생물교실 1 · 2 · 3
신학수 외 공저, 스콜라

파워푸드 슈퍼푸드 박명윤 저, 푸른행복

대단한 지구여행 윤경철 저, 푸른길

이미지 저작권

참고 사이트

한국세시풍속사전
folkency.nfm.go.kr/kr/dic/2/summary

두산백과
http://www.doopedia.co.kr/

국립생물자원관 https://www.nibr.go.kr/

경기도농업기술원 nongup.gg.go.kr